Hans-Friedrich Peters

Rechnerunterstützte Gestaltung und Darstellung dreidimensionaler technischer Gebilde mit beliebig geformten Oberflächen

Fortschritte der CAD-Technik   1

Hans-Friedrich Peters

RECHNERUNTERSTÜTZTE GESTALTUNG UND DARSTELLUNG **DREIDIMENSIONALER TECHNISCHER GEBILDE** MIT BELIEBIG GEFORMTEN OBERFLÄCHEN

Ein Beitrag zur Entwicklung von CAD-Systemen

Herausgegeben von Rudolf Koller

Friedr. Vieweg & Sohn   Braunschweig / Wiesbaden

CIP-Titelaufnahme der Deutschen Bibliothek

Peters, Hans-Friedrich:
Rechnerunterstützte Gestaltung und Darstellung
dreidimensionaler technischer Gebilde mit
beliebig geformten Oberflächen: e. Beitr.
zur Entwicklung von CAD-Systemen /
Hans-Friedrich Peters. Hrsg. von Rudolf
Koller. — Braunschweig; Wiesbaden:
Vieweg, 1988
   (Fortschritte der CAD-Technik; 1)
   Zugl.: Aachen, Techn. Hochsch.,
   Diss., 1988

NE: GT

Fortschritte der CAD-Technik

Exposes oder Manuskripte zu dieser Reihe werden zur Beratung erbeten unter der Adresse:
Verlag Vieweg, Postfach 5829, D-6200 Wiesbaden

Herausgeber:
Univ.-Prof. Dr.-Ing. *Rudolf Koller*
Lehrstuhl und Institut für Allgemeine Konstruktionstechnik des Maschinenbaus,
RWTH Aachen

Der Verlag Vieweg ist ein Unternehmen der Verlagsgruppe Bertelsmann.

Umschlaggestaltung: Wolfgang Nieger, Wiesbaden

ISBN 978-3-528-06337-5   ISBN 978-3-322-87810-6 (eBook)
DOI 10.1007/978-3-322-87810-6

Meinen lieben Eltern

Vorwort

Die vorliegende Dissertation entstand während meiner Tätigkeit als wissenschaftlicher Angestellter am Institut für allgemeine Konstruktionstechnik des Maschinenbaus der Rheinisch-Westfälischen Technischen Hochschule Aachen.

Herrn Univ.-Professor Dr.-Ing. R. Koller, dem Leiter des Institutes, danke ich für die vielen Anregungen, die wohlwollende Unterstützung und die großzügige Förderung, durch die die Durchführung dieser Arbeit möglich wurde. Mein Dank gilt gleichfalls Herrn Univ.-Professor Dr.-Ing. H. Peeken für das Interesse und die kritische Durchsicht dieser Arbeit.

Darüber hinaus möchte ich den Mitarbeitern des Institutes danken, die mich bei der Realisierung des in der Arbeit beschriebenen Programmsystems unterstützt haben, hierbei insbesondere Frau A. Pauli, Frau M. Mundt sowie Herrn cand.-Ing. J. Behrens.

Meiner Freundin M. Arns gebührt besonderer Dank für ihr Verständnis und die große Hilfe, die sie mir bei der Erstellung dieser Arbeit leistete.

Aachen, im Februar 1988

Geleitwort

Mit der Zurverfügungstellung leistungsfähiger Computer hat vor ca. zwei Jahrzehnten eine Automatisierung von Zeichen- und Konstruktionstätigkeiten begonnen, ähnlich jener Automatisierungswelle manueller Tätigkeiten, nach den Erfindungen der verschiedenen Kraftmaschinen, welche seit über zweihundert Jahren unvermindert anhält.

Während CAD-Systeme der 1. Generation nur 2-dimensionale Geometrie verarbeiten und darstellen konnten, konnten spätere Systeme auch 3-dimensionale Geometrie verarbeiten. Zwei- und dreidimensionale CAD-Systeme bestanden aber meist noch nebeneinander, es waren diskrete Systeme, welche keine Informationen austauschen konnten.

CAD-Systeme der 2. Generation sind integrierte 2D-/3D-Systeme, welche aus 2D-Bildinformationen automatisch ein 3D-Datenmodell eines technischen Gebildes erzeugen können. Sie können „Modellieren", und sie können von diesem erzeugten Modell wiederum automatisch gleiche oder andere Ansichten und Schnittdarstellungen erzeugen, — sie können „Abbilden". Da die „Welt der Technik" dreidimensional ist, und der Konstrukteur dreidimensionale CAD-Systeme für viele Fälle braucht, wird diese Trennung in 2D- und 3D-CAD-Systeme nach und nach verschwinden, neuere und zukünftige Systeme werden beides können und dieser Trennung in eine „2D- und 3D-Datenwelt" nicht mehr bedürfen.

Der Autor hat mit der vorliegenden Arbeit einen wesentlichen Beitrag und Voraussetzungen zur Integration von 2D- und 3D-CAD-Systemen geschaffen. Dabei war es ein besonderes Anliegen des Autors, stets den Erfordernissen der Konstruktionspraxis gerecht zu werden. Die Ergebnisse konnten deshalb unmittelbar zur Entwicklung eines 2D-/3D-CAD-Systems RUKON genutzt werden.

Möge dieses Buch vielen Hilfe und Anregung beim Studium dieses Fachgebietes und bei der Entwicklung eigener CAD-Programmsysteme sein.

R. Koller

Inhaltsverzeichnis

Lebenslauf

Persönliches: Hans-Friedrich Peters
Geb.: 26. 2. 1957 in Kalterherberg
Eltern: Hubert Peters
                Gertrud Peters, geb. Leyendecker

Schulbildung: 1963—1966 Volksschule in Aachen
1966—1975 Neusprachliches Gymnasium in Aachen
Reifezeugnis vom 5. 6. 1975

Grundwehrdienst: 1. 4. 1976—31. 7. 1977

Studium: Wintersemester 1975/76 bis Wintersemester 1982/83:
Studium des Maschinenbaus an der RWTH Aachen,
Fachrichtung Konstruktionstechnik
Diplomzeugnis vom 17. 12. 1982

Berufstätigkeit: 1. 1. 1980—31. 12. 1980: studentische Hilfskraft am Institut für
Bergbaumaschinen der RWTH Aachen.
1. 1. 1981—31. 12. 1982: studentische Hilfskraft am Institut für
allgemeine Konstruktionstechnik des Maschinenbaus der RWTH
Aachen
1. 1. 1983—31. 12. 1987: wissenschaftlicher Angestellter am
Institut für allgemeine Konstruktionstechnik des Maschinenbaus
der RWTH Aachen
Leiter: Prof. Dr.-Ing. R. Koller

<u>1. Einleitung und Zielsetzung</u>

Die Entwicklung leistungsfähiger EDV-Anlagen führte in den
letzten Jahren zu einer immer stärkeren Rationalisierung des
gesamten Entstehungsprozesses technischer Produkte. Im Zuge
dieser Rationalisierung wurde in der Produktentwicklung zunehmend
das bis dahin wichtigste Hilfsmittel des Konstrukteurs, das
Reißbrett, durch CAD-Systeme abgelöst. Zunächst wurden hierzu
solche Systeme eingesetzt, die nur zweidimensionale Gestaltdaten
verarbeiten konnten. Sie konnten den Konstrukteur in erster Linie
nur von Routinetätigkeiten entlasten und den reinen Zeichenprozeß
weitgehend automatisieren.

Zur Automatisierung von Gestaltungs- und Darstellungsprozessen
wurden später dreidimensional arbeitende CAD-Systeme entwickelt,
die in der Lage waren, die Gestalt realer technischer Gebilde
mehr oder weniger vollstandig zu erfassen und darzustellen.
Konnten die ersten Systeme dieser Art lediglich ebene Oberflächen, mit denen gekrummte Oberflächen approximiert wurden, verarbeiten, so wurden von der numerischen Mathematik mehr und mehr
Methoden zur Verfugung gestellt, die die Gestaltung und Darstellung von ein- oder mehrfach gekrümmten Oberflächen ermög-
lichten.

Trotz der teilweise sehr verschiedenen Wege, die die Hersteller
dabei im einzelnen einschlugen, wurden in erster Linie, unter dem
Gesichtspunkt des mathematisch-geometrisch Machbaren, Losungen
erarbeitet, die die Belange des Konstrukteurs nur sehr unzuläng-
lich berucksichtigten. Durch die Ergebnisse der Konstruktionsmethodeforschung ist man jedoch mittlerweile zu der Erkenntnis ge-
langt, daß der Konstrukteur bei der Entwicklung unbekannter
Losungen Teiloberflachen als Gestaltelemente benutzt und diese zu
komplexen technischen Gebilden zusammensetzt. Die mathematisch-
geometrisch orientierte Arbeitsweise heutiger 3D-CAD-Systeme
erlaubt zwar die Darstellung technischer Gebilde. Fur die Durch-
fuhrung des eigentlichen Gestaltungsprozesses auf Rechnern ist
sie jedoch - von einfachen Fallen abgesehen - nur sehr schlecht
geeignet.

Ziel dieser Arbeit soll deshalb die Entwicklung eines universellen 3D-CAD-Systems sein, das diesen Erkenntnissen Rechnung trägt. Nach einer Analyse der allgemeinen Gestalt technischer Gebilde sowie des Gestaltungs- und Darstellungsprozesses, die wesentliche Bestandteile des gesamten Konstruktionsprozesses sind, werden konkrete, aus unterschiedlichen Gebieten der Technik stammende, Aufgabenstellungen zusammengetragen und als allgemeine Anforderungen an ein 3D-CAD-System formuliert.

Aufbauend auf diese Forderungen werden Lösungen erarbeitet, die eine Gestaltung und Darstellung technischer Gebilde mit beliebiger Gestalt in einer Weise ermöglichen, die der gewohnten Arbeitsweise des Konstrukteurs entgegenkommt. Weiterhin werden Möglichkeiten aufgezeigt, die aus der Konstruktionsmethodenforschung bekannten geistigen Konstruktionstätigkeiten des Konstrukteurs mittels Rechner zu automatisieren.

Um schließlich ein System zu entwickeln, das den Erfordernissen der Praxis gerecht wird, wurde besonderer Wert auf Allgemeingültigkeit der implementierten Verfahren gelegt.

2. Begriffsbestimmungen

Die Begriffe und Bezeichnungen, die in dieser Arbeit ohne weitere Erklärung verwendet werden, sollen an dieser Stelle zunächst definiert werden.

Algorithmus   Verfahren bestehend aus Regeln (Anweisung) zur Lösung einer Klasse von Aufgaben /1/

Aufgabenstellung   Pflichtenheft oder Spezifikation; Sammlung aller möglichen Daten und Informationen zur Bestimmung eines technischen Produktes. "Was" soll das Produkt tun (Zweck des Produktes) und unter welchen Forderungen (Bedingungen, Restriktionen) soll es diesen Zweck erfüllen ("Wie" soll es diesen Zweck erfüllen) /1/

CAD   Computer Aided Design
Hierunter ist im einzelnen rechnerunterstütztes Zeichnen, rechnerunterstütztes Darstellen und rechnerunterstütztes Konstruieren zu verstehen.

Entwerfen   Festlegen der makroskopischen Gestalt einer Oberfläche, eines Bauteils, Baugruppe, Maschine oder komplexeren Systems /1/

Entwickeln   s. Konstruieren

Form   Art der Oberflächen eines Bauteils oder Körpers; Oberflächen können z.B. eben, zylindrisch, kegelig oder kugelförmig sein. Die Form der Oberfläche ist einer

von mehreren Parametern der Gestalt
eines Bauteils /1/

FORTRAN	FORmular TRANslation Eine höhere Programmiersprache für technisch-wissenschaftliche Probleme
Funktion, technische	Qualitative oder/und (gesetzmäßige) Beschreibung eines Zusammenhangs zwischen Ein- und Ausgangsgrößen technischer Systeme /1/
Gestalt, makroskopisch	Die makroskopische Gestalt eines Bau- teils setzt sich zusammen aus Abmessung, Form, Anzahl, Lage, Anordnung und Verbindungsstruktur der Oberflächen /1/
Gestalt, mikroskopisch	Die mikroskopische Gestalt technischer Oberflächen wird bestimmt durch deren Passungen (DIN 7150), Form- und Lage- toleranzen (DIN 7184) und deren Ober- flächenbeschaffenheit (DIN 1302) /1/
Gestaltelemente	Je nach Hierarchieebene können Linien, Flächen, Bauteile, Baugruppen etc. Gestaltelemente des jeweils nächst komplexeren Systems sein /1/
Gestalten	Festlegen der makro- und mikroskopischen Gestalt eines technischen Gebildes (Oberfläche, Bauteil, Baugruppe, Maschinen, etc.) /1/
Implementierung	Das Einbeziehen einer Funktion in ein System

Kante	sichtbare, gemeinsame Begrenzung zweier Teiloberflächen eines Körpers mit unstetigem Übergang von einer zur anderen Fläche (1. Ableitungen an der Kante sind ungleich).
Konstruieren	Unter Konstruieren oder Entwickeln versteht man alle jene Synthese- und Analysetätigkeiten, die notwendig sind, um für eine bestimmte technische Aufgabe eine zu einem bestimmten Zeitpunkt bestmögliche Lösung anzugeben. Unter "bestmögliche" Lösung ist hierbei eine genügend zuverlässige, wirtschaftlich realisierbare und sonstigen einschränkenden Bedingungen genügende Lösung zu verstehen /1/
Konstruktionsmethode	Regelwerk zum planmäßigen entwickeln einer Losung fur eine bestimmte technische Aufgabenstellung /1/
Kontur	Eine Kontur stellt eine geschlossene Berandung einer Teiloberfläche dar. Sie besteht in der Regel aus mehreren Konturelementen
Konturelement	Teil der berandenden Kontur einer Teiloberfläche. Ein Konturelement kann unterschiedliche Formen annehmen (Gerade, Kreis, Spline, etc.).
Programm	Ein Programm ist eine Folge von Befehlen und Anweisungen, durch das ein Rechner in die Lage versetzt wird, bestimmte Aufgaben zu lösen

Teiloberfläche	Eine Fläche der gesamten Oberfläche eines Bauteils. Die Oberfläche eines Bauteils besteht in der Regel aus mehreren Teiloberflächen, deren Gestaltparameter voneinander verschieden sind. In dieser Arbeit werden immer dann die Begriffe "Oberfläche" oder "Teiloberfläche" verwendet, wenn es sich um die Fläche eines realen "fleischbehafteten" technischen Gebildes handelt. In allen anderen Fällen wird der Begriff Fläche eingesetzt.

Bei der Gestalt technischer Gebilde kann man zwischen:

- makroskopischer Gestalt und
- mikroskopischer Gestalt

des betreffenden Gebildes unterscheiden. In dieser Arbeit wird der Begriff "Gestalt" stellvertretend für die makroskopische Gestalt technischer Gebilde verwendet. Die Erfassung und Verarbeitung mikroskopischer Gestaltdaten mit 3D-CAD-Systemen ist nicht Thema dieser Arbeit.
Alle weiteren verwendeten Begriffe werden jeweils an der Stelle, an der sie zum ersten Mal erscheinen, erläutert.

Vektoren werden in dieser Arbeit im Text fettgedruckt dargestellt, z.B. Vektor x := **x**. Das Skalarprodukt (Punktprodukt) wird als "*" geschrieben, das Kreuzprodukt als "x", somit also **a** * **b** bzw. **c** x **d**

3. Konstruktionsmethodische Grundlagen

Bevor man mit der Entwicklung eines 3D-CAD-Systems zur Gestaltung
und Darstellung technischer Gebilde beginnt, ist es wichtig zu
wissen, aus welchen Elementen sich diese Gestalt zusammensetzt
und welche Parameter sie eindeutig beschreiben.
Durch die Ergebnisse der Konstruktionsmethodeforschung sind
mittlerweile sowohl die Gestaltelemente als auch die diese
beschreibenden Gestaltparameter hinreichend bekannt /1,2,3/. Aus
diesem Grund sollen die Ergebnisse an dieser Stelle nur kurz
dargestellt und erläutert werden.

3.1 Die Gestalt technischer Gebilde

Die Gestalt technischer Gebilde wird durch Gestaltelemente festgelegt, die bezüglich ihres Informationsgehalts von unterschied-
licher Komplexität sind. Gestaltelemente mit der niedrigsten
Komplexität sind Punkte, ihnen folgen Kanten, Flächen, Bauteile,
Baugruppen, Maschinen, Aggregate und schließlich technische
Systeme als Gestaltelemente höchster Komplexität (Bild 3.1.1).
Hierbei ist es sinnvoll, zwischen der Gestalt einzelner Bauteile
und der komplexerer Gebilde wie Baugruppen, Maschinen usw. zu
unterscheiden. Ein reales Bauteil besteht aus ein und demselben
Stoff und wird allseits von seinen Gestaltelementen, den Flächen
begrenzt. Die Flächen sind Teile der gesamten Oberfläche eines
Bauteils und sollen deshalb im folgenden auch mit Teiloberflächen
bezeichnet werden. Teiloberflächen stellen Gestaltelemente dar,
die durch entsprechende Formeln der analytischen Geometrie mathematisch exakt oder angenähert beschrieben werden können. Ähnlich
verhält es sich mit den Gestaltelementen der Flächen, also ihren
begrenzenden Konturelementen und mit deren Gestaltelementen, den
Punkten. Die Gestaltelemente von Baugruppen, Maschinen usw. sind
solche, die im allgemeinen mathematisch nicht mehr beschreibbar
sind. Sie bestehen aus einer Vielzahl von, bezuglich Stoff und
Gestalt möglicherweise unterschiedlichen, Bauteilen, die nicht

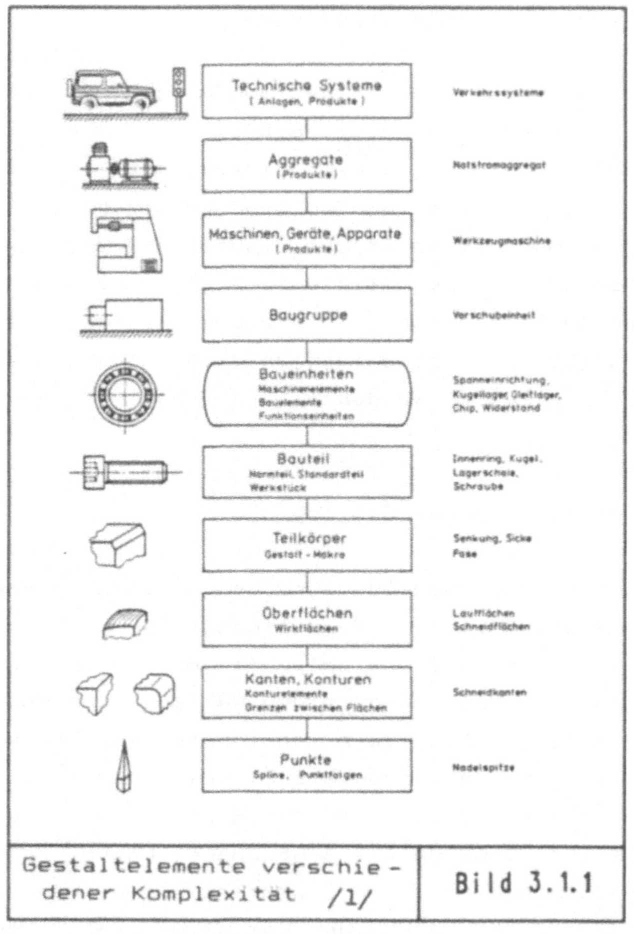

Gestaltelemente verschiedener Komplexität /1/

Bild 3.1.1

durch mathematische Beziehungen vollständig beschrieben werden
können. Diese Bauteile können wiederum durch eine Vielzahl von,
bezüglich ihrer Gestalt unterschiedlichen, Teiloberflächen begrenzt werden, von denen jede einzelne mathematisch beschreibbar
ist. Ein CAD-System, das in der Lage sein soll, die Gestalt
beliebiger technischer Gebilde zu erfassen und zu verarbeiten,
muß also zunächst die Mittel der Mathematik bzw. der analytischen
Geometrie zur Verfügung stellen, mit denen alle Flächen, Konturelemente und Punkte beherrscht werden können, die bei realen
Bauteilen im Maschinenbau vorkommen. Darüber hinaus muß zur Erfassung und Verarbeitung technischer Gebilde höherer Komplexität
als Bauteile gewährleistet sein, daß die Zuordnung der einzelnen

Gestaltelemente zu dem jeweiligen technischen Gebilde stets eindeutig ist. So muß zum Beispiel stets eindeutig sein, welche
Oberfläche zu welchem Bauteil gehört.

3.2 Gestaltung und Darstellung technischer Gebilde

Nach /1/ gliedert sich der allgemeine Konstruktionsprozeß technischer Gebilde in Synthese- und Analyseprozesse. Die Syntheseprozesse sind hierbei

- Funktionsstruktursynthese
- Prinzipsynthese
- Gestaltsynthese
- Maßsynthese.

Als Analyseprozesse kann man anführen

- Prüfen
- Bewerten
- Vergleichen
- Auswählen.

Bei der Bearbeitung einer Konstruktionsaufgabe führt jede der
Syntheseprozesse zu einer Vielzahl von Lösungen. Erst in einem
nachfolgenden Analyseschritt läßt sich eine für die jeweilige
Aufgabe optimale Lösung auswählen. Dazu werden alle Lösungen
daraufhin überprüft, inwieweit sie den gestellten Restriktionen
gerecht werden, und es wird bewertet, wie gut sie die gestellte
Konstruktionsaufgabe erfüllen. Darauf aufbauend wird dann die
gefundene optimale Lösung in einem erneuten Syntheseschritt über-
arbeitet und verbessert (Bild 3.2.1).
Aufgrund der Kenntnis der einzelnen Schritte innerhalb des
Syntheseprozesses ist man heute in der Lage, diesen weitgehend zu
automatisieren. Anders verhält es sich bei dem Analyseprozeß. Das
Bewerten von Lösungen ist eine Tätigkeit, die sich nur in den
seltensten Fällen auf die Erfassung und den Vergleich physikali-

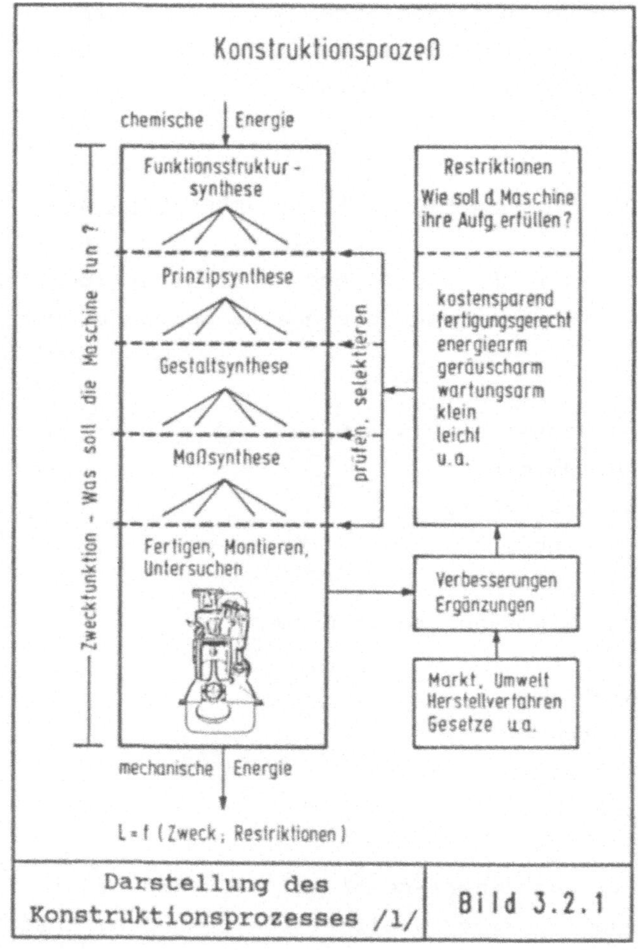

Darstellung des Konstruktionsprozesses /1/	Bild 3.2.1

scher Größen zurückführen läßt (z.B. bei Festigkeitsuntersuchungen) und somit dem menschlichen Geist bzw. der Intuition des jeweiligen Konstrukteurs vorbehalten bleibt.

Innerhalb des gesamten Syntheseprozesses stellen die Funktionsstruktursynthese, die Prinzipsynthese und die Gestaltsynthese qualitative Syntheseschritte dar, die Maßsynthese hingegen einen rein quantitativen Syntheseschritt.

Durch die Ergebnisse der Konstruktionsmethode-Forschung ist jeder dieser Schritte eindeutig beschrieben und somit in Form von Rechnerprogrammen automatisierbar. Funktionsstruktur- und Prinzipsynthese werden in der Praxis jedoch nur dann durchgeführt,

wenn ein Produkt vollständig neu entwickelt werden soll. Da dies
heutzutage sehr selten geschieht und zudem sehr aufwendig ist,
erscheint eine Übertragung auf den Rechner zum jetzigen Zeitpunkt
aus wirtschaftlicher Sicht nicht notwendig.

Die in der Praxis am häufigsten benutzten Konstruktionstätigkeiten sind Gestalt- und Maßsynthese. Sind für die Maßsynthese,
unter der hier das Ermitteln von Konstruktionsparametern als
Ergebnis von Berechnungen (z.B. Dynamik-, Festigkeits-,
Strömungswiderstandsberechnung, usw.) zu verstehen ist, bereits
Verfahren entwickelt und seit längerem eingesetzt worden, so
wurde bis heute der Prozeß der qualitativen Gestaltung, obwohl
ebenfalls hinreichend erforscht, nur in wenigen Fällen automatisiert. Als qualitative Gestaltsynthese sei hier die Festlegung
der Gestalt eines Bauteils, einer Baugruppe oder eines ganzen
technischen Systems zu verstehen.

Wenn ein bestimmter Produktentstehungsprozeß automatisiert und
auf einen Rechner übertragen werden soll, müssen die Elemente,
die die Gestalt des Produktes beschreiben, also die Gestaltelemente, sowie ihre bestimmenden Parameter, also die Gestaltparameter, bekannt sein.
Die Gestalt eines technischen Gebildes wird durch folgende sechs
Gestaltparameter eindeutig festgelegt /1/:

    - Abmessung

    - Form

    - Zahl

    - Lage

    - Reihenfolge oder Anordnung

    - Verbindungsstruktur

Die Komplexität von Bauteilen kann von Fall zu Fall sehr unterschiedlich sein. Betrachtet man die o.g. Gestaltparameter, die
die Gestalt eines Bauteils eindeutig festlegen, so erkennt man,
daß die Form der Teiloberflächen, ihre Zahl und ihre Verbin-

dungsstruktur einen größeren Einfluß auf die Komplexität des Bauteils besitzen als ihre Abmessungen, Lage und Reihenfolge.

Soll ein technisches Gebilde hergestellt werden, so muß es in einer für andere lesbaren Form dokumentiert werden. Wichtigster Teil dieser Dokumentation ist die Darstellung der Gestalt des technischen Gebildes auf einem Zeichnungsträger. Hilfsmittel zur Realisierung dieser Darstellung ist das Zeichnen von Linien und Punkten. Diese Linien und Punkte stellen die Gestalt eines technischen Gebildes so dar, wie sie sich einem Betrachter von einem bestimmten Ort und aus einer bestimmten Blickrichtung dar-bietet.
Zusammenfassend läßt sich sagen, daß der Darstellungsprozeß den Zeichenprozeß benötigt, um die Ergebnisse des Gestaltungs-prozesses zu dokumentieren.

4. Forderungen an ein CAD-System zur Gestaltung und Darstellung technischer Gebilde mit beliebig geformten Oberflächen

Anhand von Beispielen aus verschiedenen Anwendungsgebieten soll
ein Forderungskatalog für ein universell einsetzbares 3D-CAD-System ermittelt werden. Hierzu werden unterschiedliche Bauteile
bzw. Baugruppen, die aus jeweils unterschiedlichen Bereichen der
Technik stammen und bei denen Informationen über die reale dreidimensionale Gestalt erforderlich sind, hinsichtlich ihrer möglichen Gestaltung und Darstellung überprüft. Gleichzeitig soll
untersucht werden, an welchen Stellen ein CAD-System nicht nur
die vom Konstrukteur eingegebenen Befehle realisieren, sondern
durch selbsttätige Ermittlung zusätzlicher Konstruktionsdaten
eine Unterstützung bieten kann.
An dieser Stelle ist es hilfreich, zunächst die konventionelle
Konstruktion am Reißbrett zu erläutern.

Aufgrund der bildlichen, nur zweidimensional möglichen Darstellungsart wird der Konstrukteur in mehreren der nach DIN 6 festgelegten, orthogonalen Ansichten und Schnitte die Funktionsmaße
und Freiräume, die bei der Konstruktion zu berücksichtigen sind,
eintragen. Dieses unter DIN 6 in Einzelheiten nachzulesende
Mehrtafel-Projektionsverfahren beinhaltet u.a. folgende Informationen:

- Die Lage eines Punktes im Raum, wenn dieser wenigstens in
  zwei Ansichten dargestellt ist.

- Die wahre Größe von ebenen Flächen und in einer Ebene
  liegenden Linien (Geraden, Kreise, Kreisbögen, usw.), wenn
  die entsprechenden Projektionsebenen parallel zur darzustellenden Ebene bzw. Fläche liegt.

In diese Darstellung, die noch sehr einer Prinzipskizze ähnelt,
können jetzt die Einzelheiten eingetragen werden, die als
Schnittstelle zu weiteren Bauteilen schon eine vorgegebene Ge-

stalt oder Flächen besitzen. Der Konstrukteur wird dabei jeweils in der Ansicht beginnen, in der er die Informationen am einfachsten einbringen kann und von dort aus die anderen Ansichten komplettieren. In dieser Phase entstehen bereits weitere Ansichten, die jeweils eine weitere Zeichenebene, rechtwinklig zu einer oder mehreren Ansichten nach DIN 6, definieren und ein leichteres Erarbeiten von einzelnen Details des Bauteils erlauben. Im weiteren Verlauf des Konstruktionsvorgangs werden in den Ansichten und Schnitten Konturen erarbeitet. Dabei wechselt der Konstrukteur sowohl zwischen den einzelnen Details als auch zwischen den Ansichten, an denen er arbeitet, um jeweils die bessere Darstellbarkeit bzw. den höheren Informationsgehalt zu nutzen. Bereits erarbeitete Informationen werden im Verlauf dieses Prozesses, soweit erforderlich, in andere Ansichten und Schnitte übernommen und dargestellt. Hierbei zeichnet der Konstrukteur zwar Linien und Punkte, meint und "sieht" in der Regel jedoch Flächen bzw. Begrenzungen von Flächen. Falls erforderlich, kann er jederzeit während der Konstruktion weitere Ansichten, Schnitte und Einzelheiten hinzufügen.

Zusammenfassend lassen sich folgende Punkte festhalten, die für die konventionelle Arbeitsweise des Konstrukteurs am Reißbrett charakteristisch sind:

- Der Konstrukteur konstruiert zunächst die für ein Bauteil wesentlichen Wirkflächen (Lagerstellen, Flanschflächen, Verbindungsflächen, etc.), um diese dann nach und nach mittels weiterer Teiloberflächen zu einem Bauteil "zusammenwachsen" zu lassen.

- Der Konstrukteur arbeitet in zweidimensionalen Ansichten und Schnitten, denkt jedoch in dreidimensionalen Flächen.

- Arbeitet der Konstrukteur an einem Detail des Bauteils, geschieht dies abwechselnd in allen dafür relevanten Ansichten und Schnitten.

- Ein wesentlicher Anteil des Arbeitens in Ansichten und
  Schnitten liegt im Übertragen von Informationen aus einer
  Ansicht bzw. einem Schnitt in andere Ansichten und Schnitte.

- Erst im Verlauf der Konstruktion interpretiert der Konstrukteur sein dargestelltes Bauteil als Körper.

4.1 Forderungen aus der Gestaltung und Darstellung technischer Gebilde mit analytisch nicht beschreibbaren Oberflächen

Neben den technischen Gebilden, deren Oberfläche sich aus eben-,
zylinder-, kegel-, kugel- und /oder torusförmigen Teiloberflächen
zusammensetzt, existieren solche mit komplexerer Gestalt, deren
Teiloberflächen beliebige Formen besitzen können. Technische
Gebilde dieser Art findet man in vielen Bereichen des Maschinenbaus. Aus diesem Grund muß ein universelles 3D-CAD-System in der
Lage sein, neben den o.g. analytisch beschreibbaren Oberflächen
auch solche Teiloberflächen gestalten und darstellen zu können,
die analytisch nicht mehr geschlossen beschreibbar sind.
Beispiele hierfür sind - neben anderen - die im Automobilbau zur
Radführung eingesetzten Schräglenker. Sie werden bei angetriebenen und nicht angetriebenen Hinterachsen verwendet. Hauptanfor-
derungen an solche Schräglenker sind:

- Verwirklichung eines gewünschten kinematischen Verhaltens
  der Räder (Radeinstellung im Stand, definierte Radbewegung
  beim Ein- und Ausfedern).

- Einleitung der an den Reifenaufstandspunkten wirkenden
  Kräfte in den Fahrzeugaufbau (Seiten-, Normal- und Längs-
  kräfte und die daraus entstehenden Momente).

Eine detaillierte Beschreibung allgemeiner Schräglenker ist /4/
zu entnehmen. Im weiteren soll beispielhaft der in den Bildern
4.2.1 und 4.2.2 dargestellte Schräglenker der Hinterachse der
Daimler-Benz-Modelle 200 bis 380SE betrachtet werden.

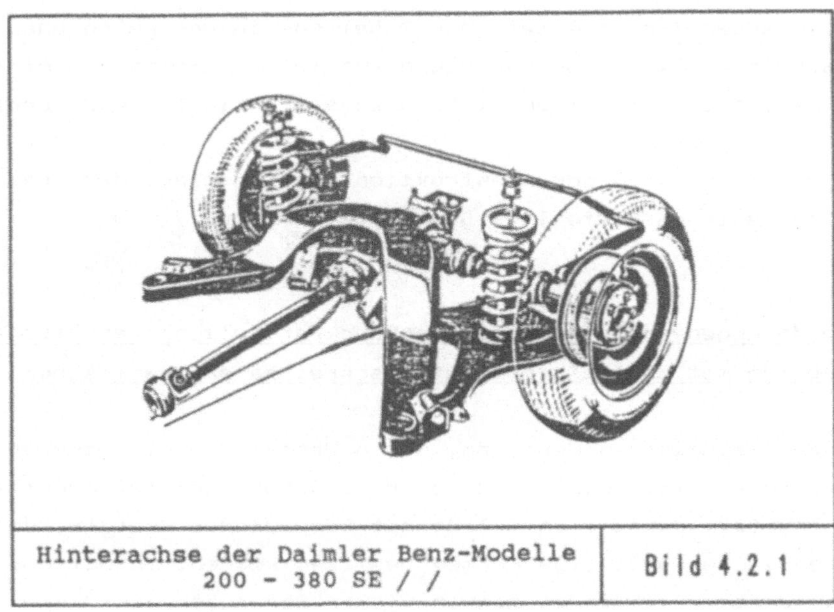

Hinterachse der Daimler Benz-Modelle 200 - 380 SE / /	Bild 4.2.1

Die in Bild 4.2.2 mit den Nummern 1 bis 7 gekennzeichneten
Bereiche sind:

1 = Lagerbuchsen zur Aufnahme der Lenkerlager am Ende der
    beiden Lenkerarme

2 = Schräglenkeroberteil

3 = Schräglenkerunterteil

4 = Anschlag (Ausfederungsbegrenzung)

5 = Bremsseilführung

6 = Feder- und Stoßdämpferaufnahme und Bereich der Ein-
    senkung

7 = Radträger

Schräglenkerober- und -unterteil bilden gemeinsam den sogenannten
Schräglenkerkörper, der im Bereich der beiden Lagerbuchsen (1) in

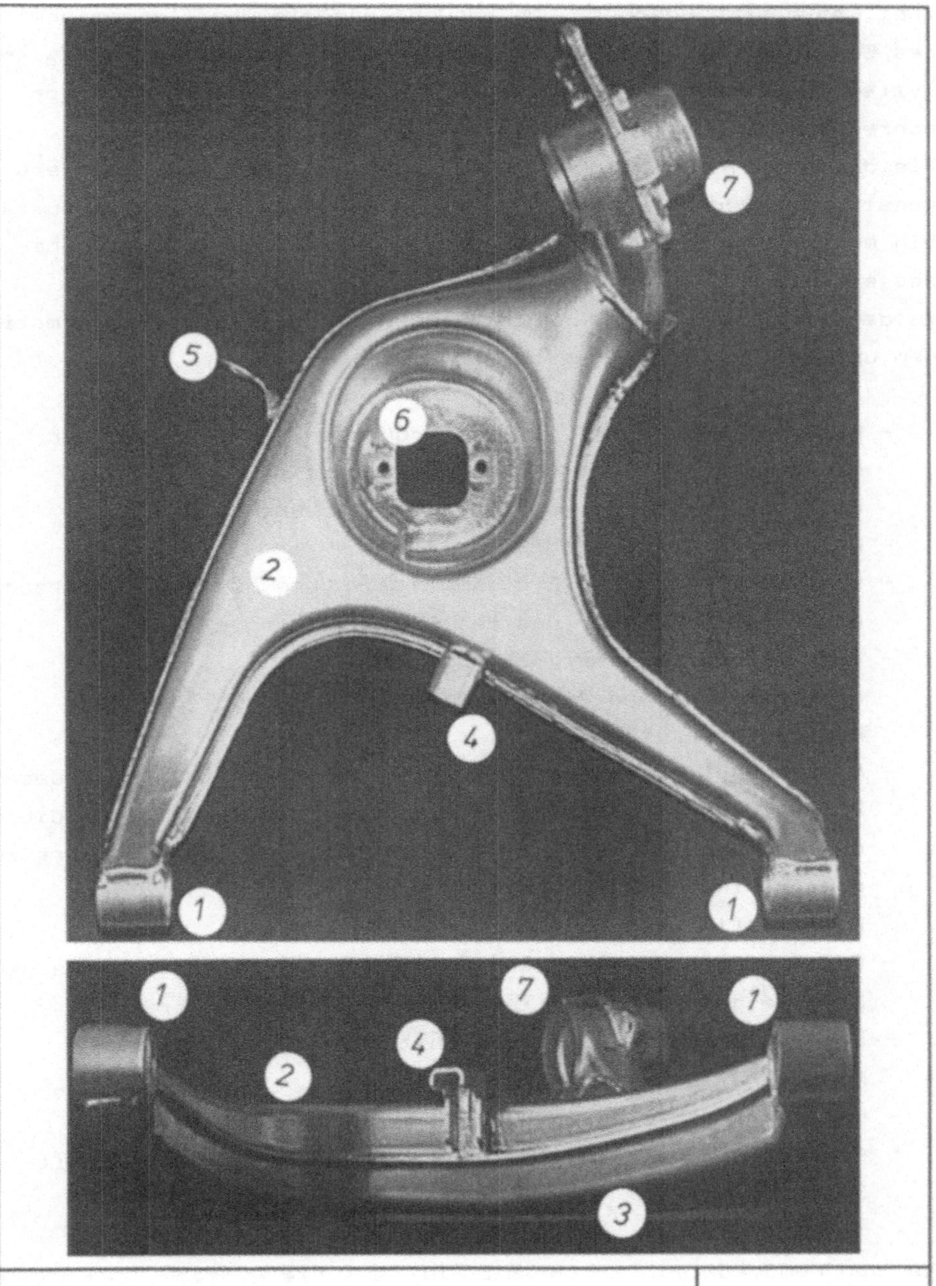

Schräglenker in 2 Ansichten   Bild 4.2.2

zwei Lenkerarme übergeht. Untersucht man die Oberflächenformen
des Schräglenkers, so stellt man fest, daß er teilweise aus analytisch beschreibbaren und teilweise aus analytisch nicht beschreibbaren, mehrfach gekrümmten Oberflächen besteht.
Wie die einzelnen Teiloberflächen eines solchen Schräglenkers
konstruiert werden können und welche Forderungen sich daraus an
ein entsprechendes CAD-System stellen, wird nachfolgend näher
ausgeführt.
Zu dem zu konstruierenden Schräglenker sind folgende Informationen und Restriktionen gegeben:

- Lage und Durchmesser der Lagerbuchsen zur Aufnahme der
  Lenkerlager am Ende der beiden Lenkerarme
- Lage des Anschlags zur Ausfederungsbegrenzung
- Lage der Bremsseilführung
- Lage der Feder- und Stoßdämpferaufnahme sowie die Richtung
  der Achse der Feder und des Stoßdämpfers
- Lage und Durchmesser des Radträgers
- maximale Ein- und Ausfederung, d.h. der Hub, den der
  Radträger durchführt
- die Lage aller anderen Bauteile, die sich im Bereich des
  Schräglenkers befinden und die nicht mit diesem kollidieren
  dürfen, um eine einwandfreie Funktion des Schräglenkers zu
  gewährleisten (Fahrschemel, Auspuff, Antriebswellen,
  Differential, etc.)
- Der Schräglenker soll aus 2 Halbschalen hergestellt werden,
  die tiefgezogen und miteinander verschweißt werden.
- Der Schräglenker soll möglichst leicht sein, um die
  Massenkräfte klein zu halten
- Um unerwünschte Radbewegungen zu vermeiden, soll der
  Schräglenker schließlich eine hohe Verwindungssteifheit
  besitzen.

Für den Konstrukteur ergibt sich hieraus die Aufgabe, dem Bauteil
unter Einbeziehung aller Informationen und Berücksichtigung aller
Restriktionen seine Gestalt zu geben, d.h. die Zahl, Lage, Form,

Abmessung, Reihenfolge und Verbindungsstruktur der Teiloberflächen so festzulegen, daß die gewünschte Funktion erfüllt wird.
Im einzelnen müssen folgende Bereiche des Schräglenkers gestaltet
werden:

- Teiloberflächen der Schräglenkerarme und des Lenkerkörpers,
  die sich aus dem Schräglenkerunter- und oberteil zusammen-
  setzen.
- Teiloberflächen im Bereich der Radträgeraufnahme
- Teiloberflächen im Bereich der Schräglenkerlager
- Teiloberflächen im Bereich der Einsenkung im
  Schräglenkerunterteil
- Teiloberflächen der Feder- und Stoßdämpferaufnahme im
  Schräglenkeroberteil
- Teiloberflächen, die tangentiale Übergänge zwischen den
  Teiloberflächen der einzelnen Bereiche darstellen (z.B.
  Verrundungen).

Der Konstrukteur beginnt die Konstruktion des Schräglenkers mit
den Punkten, die aufgrund der Kinematik des Schräglenkers festliegen (Bild 4.2.3). Dies sind die beiden Lenkeranlenkpunkte (1),
der Mittelpunkt der Feder- und Stoßdämpferaufnahme (2) und der
Mittelpunkt des Radträgeranschlusses (3). Zugleich wird, in
Kenntnis der Lage dieser Punkte zueinander, das globale Koordinatensystem, auch absolutes Koordinatensystem genannt, und damit
die Lage der Punkte in den nach DIN 6 vorgegebenen Ansichten
festgelegt. Bild 4.2.3 zeigt diesen ersten Stand der Konstruktion
in 2 Ansichten nach DIN 6 (Draufsicht und Seitenansicht von
links).
Die Ansichtsebenen werden hierbei so definiert, daß sie parallel
zur x-y-Ebene (=Draufsicht) bzw. zur y-z-Ebene (=Seitenansicht)
liegen. Die Lenkeranlenkpunkte des Schräglenkers liegen auf der
x-Achse des globalen Koordinatensystems. Die x-y-Ebene ist parallel zu den ebenen Flächen des Lenkerober- und -unterteils. Die
y-Achse verläuft rechtwinklig zur x-Achse durch die Projektion
des Mittelpunktes der Feder- und Stoßdämpferaufnahme auf die x-y-

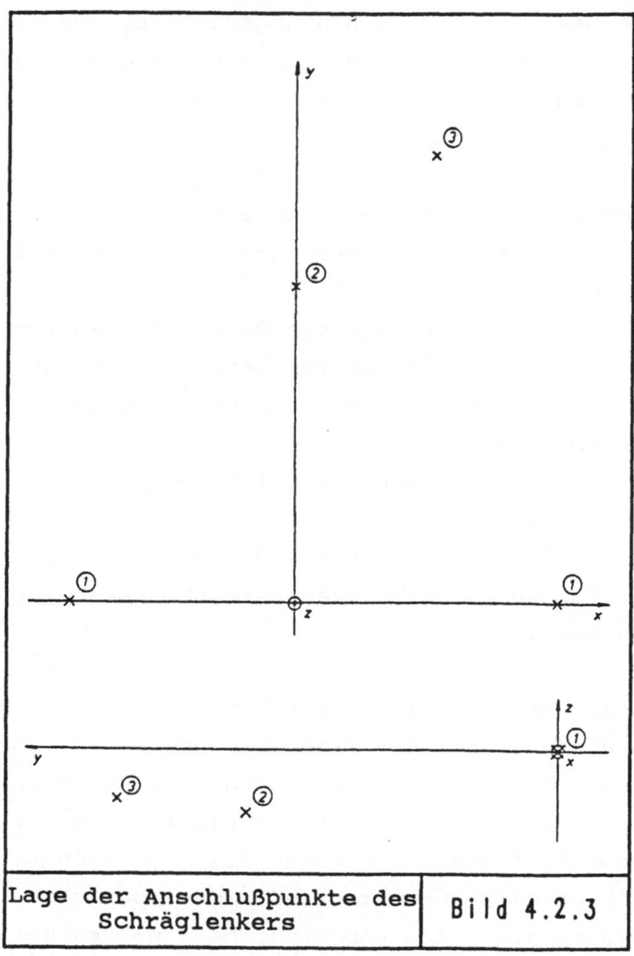

| Lage der Anschlußpunkte des Schräglenkers | Bild 4.2.3 |

Ebene. Die z-Achse steht senkrecht zur x-y-Ebene im Nullpunkt
dieser Ebene.
Nachdem das Koordinatensystem sowie die einzuhaltenden Anschluß-
punkte festgelegt sind, beginnt der Konstrukteur in der Ansicht
zu konstruieren, in welcher die meisten Informationen maßstäblich
dargestellt werden können. Zunächst stellt er die Teiloberflächen
der Lagerbuchsen der beiden Lenkerlager und des Radträgers dar,

da diese in Lage, Form und Abmessung durch die Aufgabenstellung
vorgegeben sind. An diese Lagerbuchsen werden dann die Lenkerarme
bzw. der Lenkerkörper angeschlossen.
Im Beispiel wurde als Ausgangsansicht die Draufsicht (=x-y-Ebene)
gewählt, in die als charakteristische Kontur die Projektion der
senkrecht zur Draufsicht stehenden Flächen der Lenkerarme und des
Lenkerkörpers konstruiert wird. Ohne den weiteren Ausführungen
vorgreifen zu wollen, sei an dieser Stelle bereits vorgemerkt,
daß es genügt, die Außen- <u>oder</u> die Innenflächen des Schräglenkers
zu konstruieren. Die jeweils anderen Flächen ergeben sich durch
die gewünschte Blechdicke als äquidistante Flächen gleicher Form.
Diese Kontur wird fortgesetzt bis in den Bereich des Radträgers
und der Lenkerlager (Bild 4.2.4). Die Elemente dieser
zweidimensionalen Konstruktion sind Kreisbögen und Geraden, die
tangential ineinander übergehen.

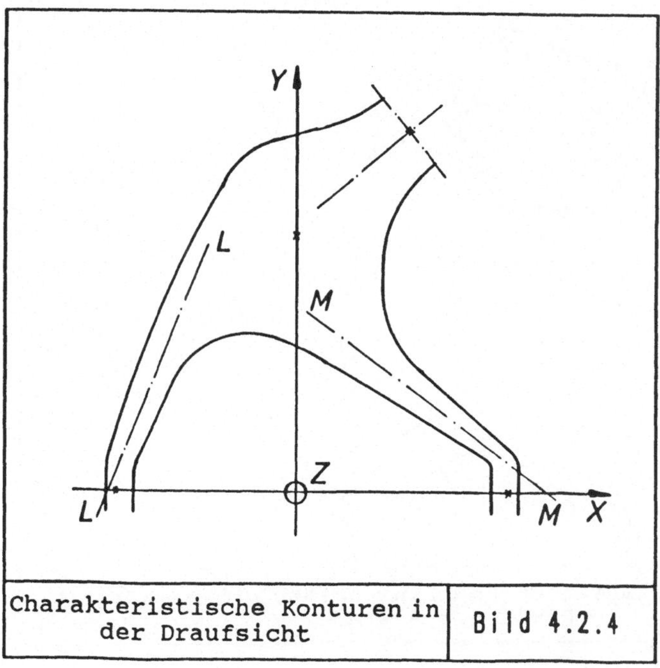

Charakteristische Konturen in der Draufsicht	Bild 4.2.4

Damit liegen für die Innenseiten und die Trennungslinie zwischen
Ober- und Unterteil des Schräglenkers 2 Koordinaten fest. Die
Ermittlung der dritten Koordinate muß nun in frei definierten
Ansichten erfolgen. Diese Ansichten entsprechen Ebenen, die
senkrecht zur Draufsicht in Bild 4.2.4 durch die Schnittführungen
M – M und L – L gekennzeichnet sind. In diesen Ebenen werden die
obere und untere Begrenzung der Schräglenker-Innenflächen sowie
die Lage der Trennungslinie zwischen Ober- und Unterteil festgelegt. Konstruiert wird wieder zweidimensional mit den Elementen
Kreisbogen und Gerade unter Übertragung von Konstruktionshilfs-
punkten aus der Draufsicht in die neu definierten Ansichten.
Bild 4.2.5 zeigt beispielhaft die Konstruktion der o.g. Flächen-
begrenzungen in der Ansicht, die der Schnittebene M – M entspricht.

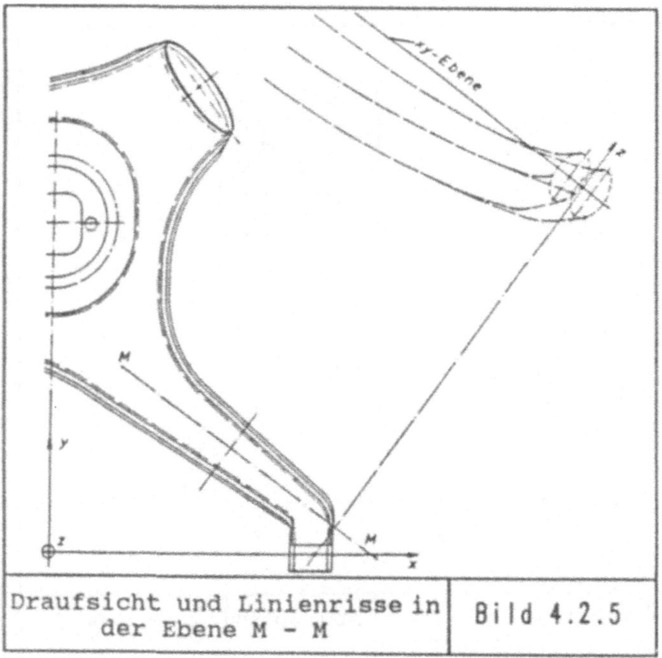

Draufsicht und Linienrisse in der Ebene M - M	Bild 4.2.5

Insgesamt werden auf diese Weise folgende in Bild 4.2.6 dargestellten Flächen - Begrenzungskonturen konstruiert:

- Trennungslinie zwischen Ober- und Unterteil des
  Schräglenkers (1).

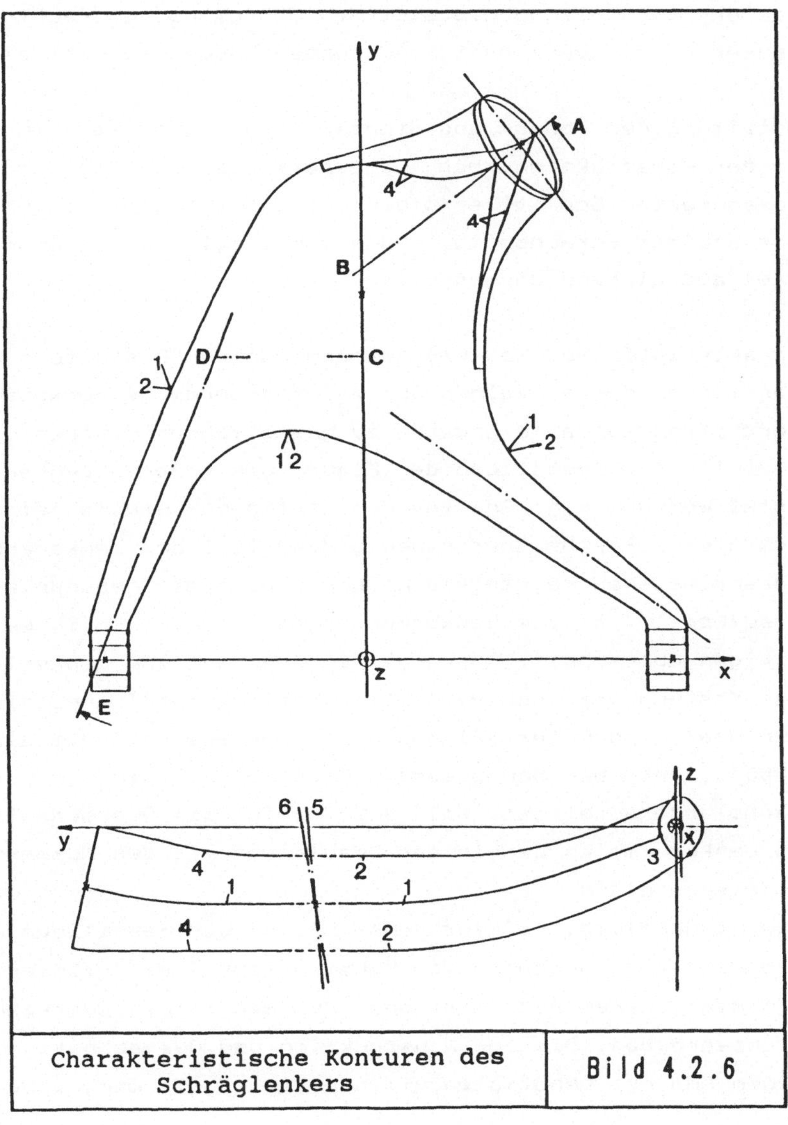

Charakteristische Konturen des Schräglenkers	Bild 4.2.6

- Kantenverlauf im Bereich der Lenkerarme und des
  Lenkerkörpers (2).

- Übergang von den Lenkerarmen zu den Lenkerlagern (3).

- Begrenzungslinien für den Übergang vom Lenkerkörper zur
  Radträgeraufnahme (4), auch Radieneinsatzlinien genannt, da
  sie der Darstellung des stetigen Übergangs vom rechteckigen
  Lenkerkörper-Querschnitt zum runden Endquerschnitt dient.

Die Gestaltung der Feder- und Stoßdämpferaufnahme kann in diesem
Stadium der Konstruktion noch ausgespart bleiben. Sie wird in
einem gesonderten Schritt erfolgen und ist bis dahin durch die
Lage der Stoßdämpferachse (5) und die Mittellinie der Schrauben-
feder (6) ausreichend dargestellt.

Die charakteristischen Konturen werden nun zur Gestaltung der
Teiloberflächen der einzelnen Schräglenkerbereiche verwendet.
Stellvertretend für alle anderen zu gestaltenden Flächen soll an
dieser Stelle die Gestaltung der Fläche des äußeren Lenkerarms
betrachtet werden. Eine Analyse des fertigen Bauteils zeigt, daß
die Form dieser Fläche über einen großen Teil der Lenkerarme
einen geschlossenen rechteckigen Querschnitt mit gerundeten
Kanten aufweist, der zum Lenkerkörper hin in einen offenen
rechteckigen Querschnitt übergeht. Im Übergang zum Lenkerlager
wird das Kastenprofil schiefwinklig. Entlang der Trennlinie
zwischen Ober- und Unterteil des Schräglenkers befindet sich der
Schweißbund, der über den gesamten Bereich rechtwinklig zur
Oberfläche abgekantet ist. Bild 4.2.7 zeigt die Querschnitte des
äußeren Lenkerarms an den in der Draufsicht mit den Nummern 1 bis
5 markierten Stellen.
Man erkennt deutlich, daß zur Konstruktion der jeweiligen Querschnitte wiederum Ansichten vom Konstrukteur frei definiert
werden müssen, deren Ansichtsebenen den jeweiligen Querschnitts-
ebenen entsprechen. Die zur Konstruktion des Querschnitts in der
jeweiligen Ansicht benötigten Hilfspunkte erhält man, indem man

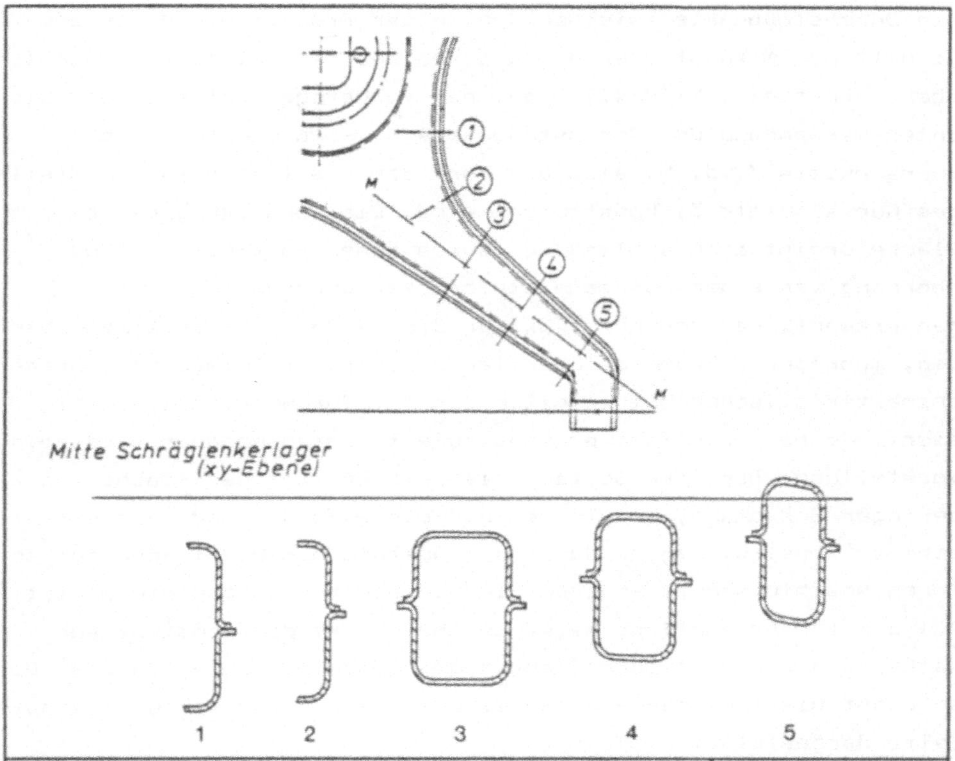

Unterschiedliche Querschnitte eines Lenkerarms

Bild 4.2.7

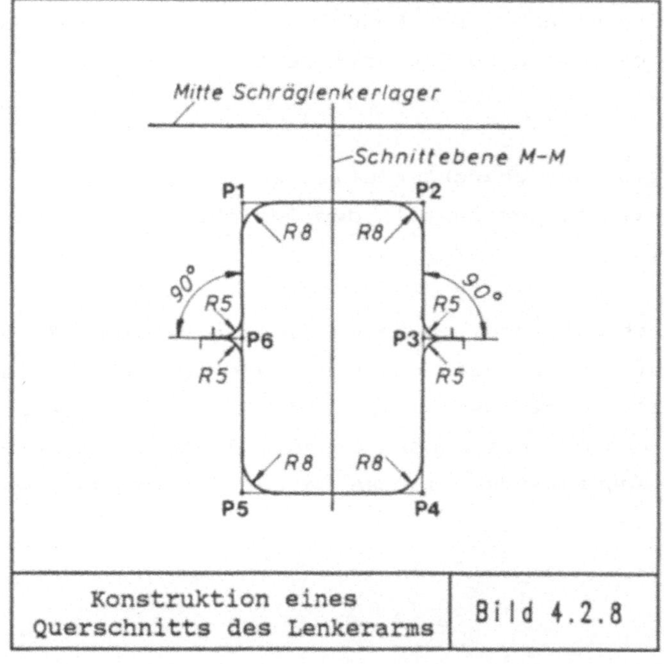

Konstruktion eines Querschnitts des Lenkerarms

Bild 4.2.8

die Durchstoßpunkte zwischen den in der Draufsicht und in dem
Schnitt M – M konstruierten Konturen und der aktuellen Ansichtsebene ermittelt. Bild 4.2.8 auf der vorherigen Seite zeigt, wie
unter Verwendung der Durchstoßpunkte P1 – P6 die Kontur des
Querschnitts 3, d. h. also die Form der Oberfläche an der Stelle
des Querschnitts 3, konstruiert wird. Die Form der gesamten
Fläche ergibt sich schließlich durch einen kontinuierlichen
Übergang von einer Querschnittsform zur anderen.
Man erkennt, daß der Konstrukteur die Gestalt dieser komplizier-
ten, mehrfach gekrümmten Oberfläche durch die Erzeugung mehrerer
charakteristischer Querschnitte Schritt für Schritt synthetisiert. Je mehr Schnitte er konstruiert, desto genauer wird seine
Vorstellung über ihre Gestalt. Ist die Gestalt der Fläche von
geringer Bedeutung, so wird er nur den Anfangs- und Endquerschnitt konstruieren, wodurch die Gestalt der Oberfläche nur an
ihren Anschlüssen zu anderen Flächen eindeutig beschrieben ist.
Auf diese oder ähnliche Weise synthetisiert der Konstrukteur
nacheinander die Teiloberflächen des gesamten Schräglenkers. Die
so konstruierten Innenflächen sind in Bild 4.2.9 auf der nächsten
Seite dargestellt.
Wie bereits erwähnt, lassen sich die Außenflächen aus der Gestalt
der Innenflächen einfach als äquidistante Flächen ableiten.
Nachdem die Gestalt der Innenflächen des Lenkerkörpers festliegt,
werden die Innenflächen der Feder- und Stoßdämpferaufnahme sowie
der Bereich der Einsenkung konstruiert. Hierzu werden ebenfalls
die Schritte:

- Konstruktion der charakteristischen Konturen und
- Synthetisierung der Gestalt der Teiloberflächen über mehrere
  Schnitte,

wie bereits beschrieben, nacheinander durchlaufen. Zu berücksichtigen ist hierbei, daß die konstruierten Flächen tangential
an die bereits konstruierten Teiloberflächen des Lenkerkörpers
anschließen müssen. Aus diesem Grund muß der Konstrukteur die
Form dieser angrenzenden Flächen an der Stelle des jeweiligen

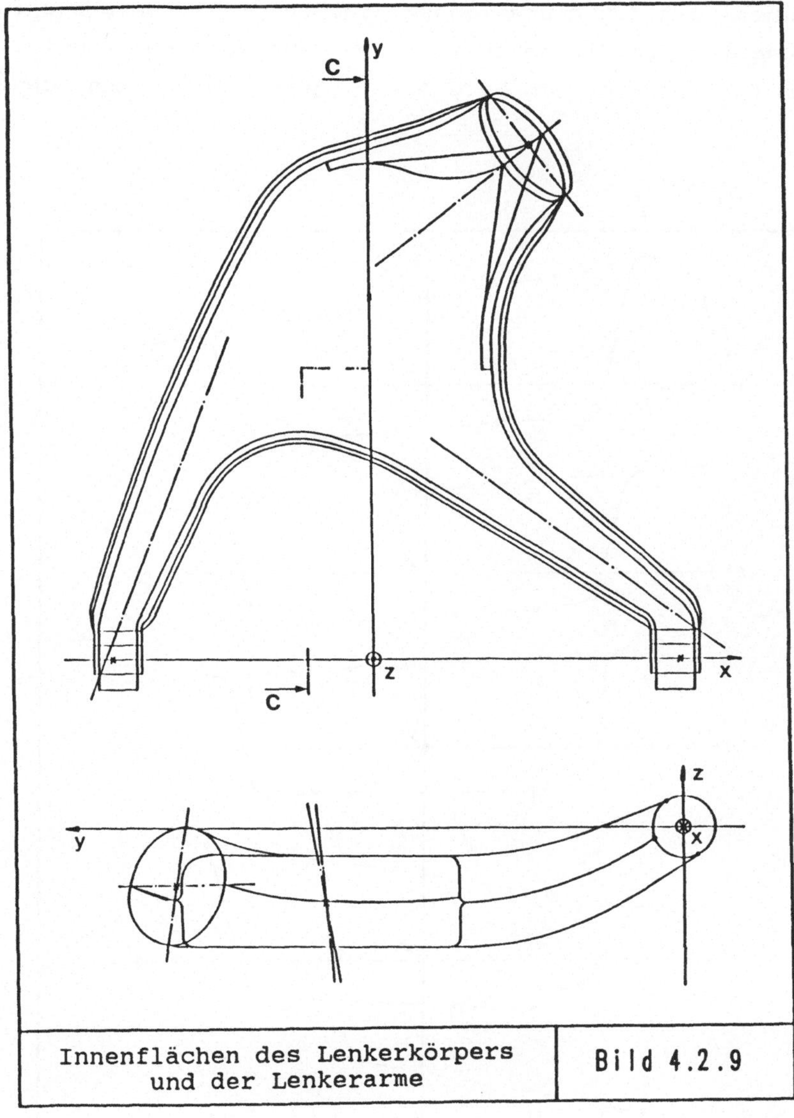

Innenflächen des Lenkerkörpers und der Lenkerarme

Bild 4.2.9

Schnittes in die verwendete Schnittansicht übertragen.

Bild 4.2.10 auf der nächsten Seite zeigt die zur Konstruktion ebenfalls benötigten Durchstoßpunkte (x), die Schnittlinien der

Schnittebene mit den angrenzenden Flächen (---) sowie die für die Ermittlung der Oberflächengestalt der Federaufnahme konstruierten Konturen (   ) für die in Bild 4.2.11 gekennzeichneten Schnitte S1 - S5.

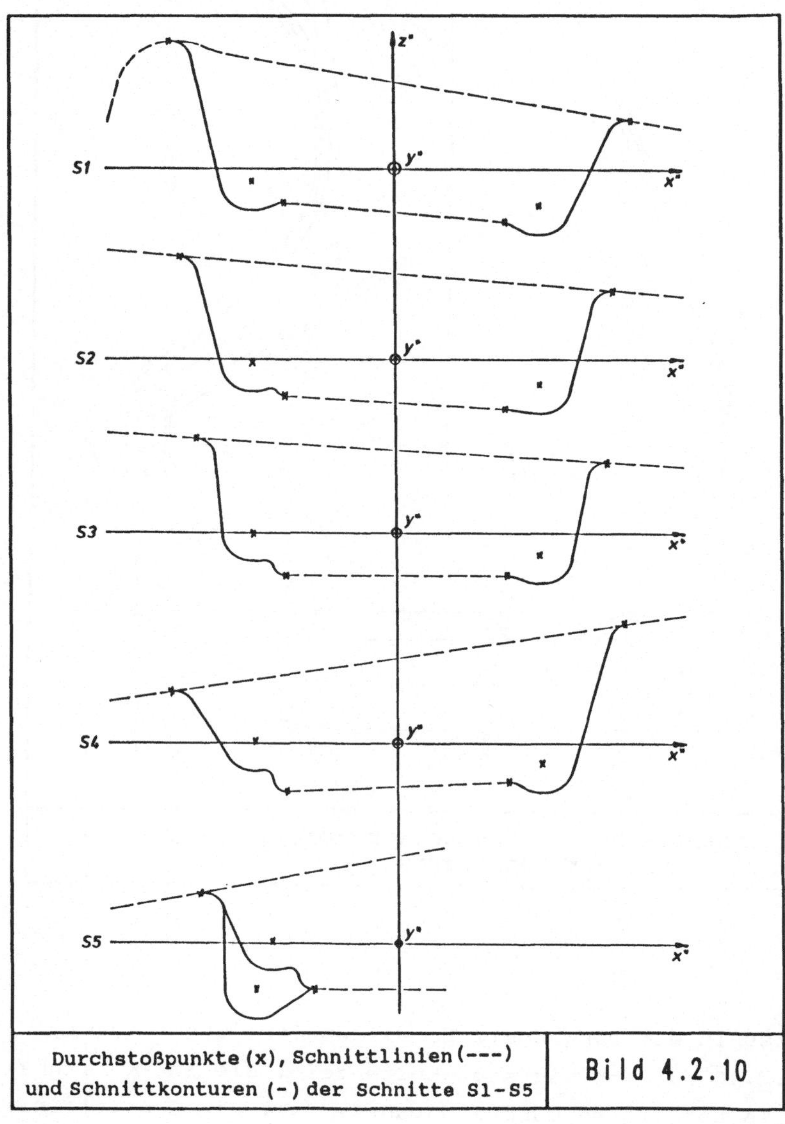

Durchstoßpunkte (x), Schnittlinien (---) und Schnittkonturen (-) der Schnitte S1-S5

Bild 4.2.10

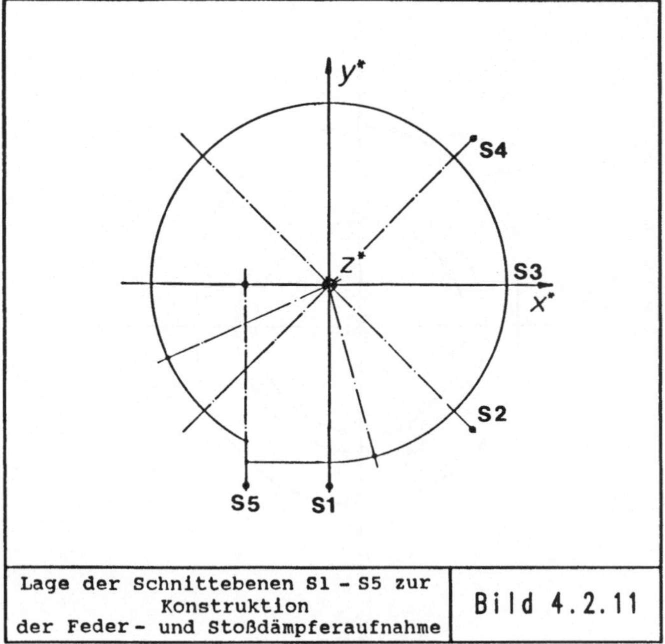

Lage der Schnittebenen S1 - S5 zur Konstruktion der Feder- und Stoßdämpferaufnahme	Bild 4.2.11

Als Resultat zeigt Bild 4.2.12 auf der nächsten Seite die charakteristischen Konturen und die mit dem beschriebenen Verfahren konstruierten Innenflächen des gesamten Bereichs der Feder- und Stoßdämpferaufnahme.

Den Abschluß der Konstruktion des Schräglenkers bildet die Gestaltung und Darstellung der Außenflächen und der Einzelheiten des Bauteils (Bild 4.2.13). Die Außenflächen werden als äquidistante Flächen im Abstand der Blechdicke zu den Innenflächen konstruiert. Anschließend werden die Durchbrüche des Stoßdämpfers (1) und der Stoßdämpfer-Befestigungs-Schrauben (2) sowie die Abschragung des Schweißbundes im Bereich der Radträgeraufnahme (3) konstruiert. Nachdem die Innen- und Außenflächen in ihrer endgultigen Gestalt vorliegen, werden sie entlang des Schweißbundes (4), der Radtrageraufnahme (5), der Lenkerlager (6) und der Durchbruche (1,2) durch Flachen verbunden, von denen wiederum eine Anfangs- und eine Endkontur gegeben ist.

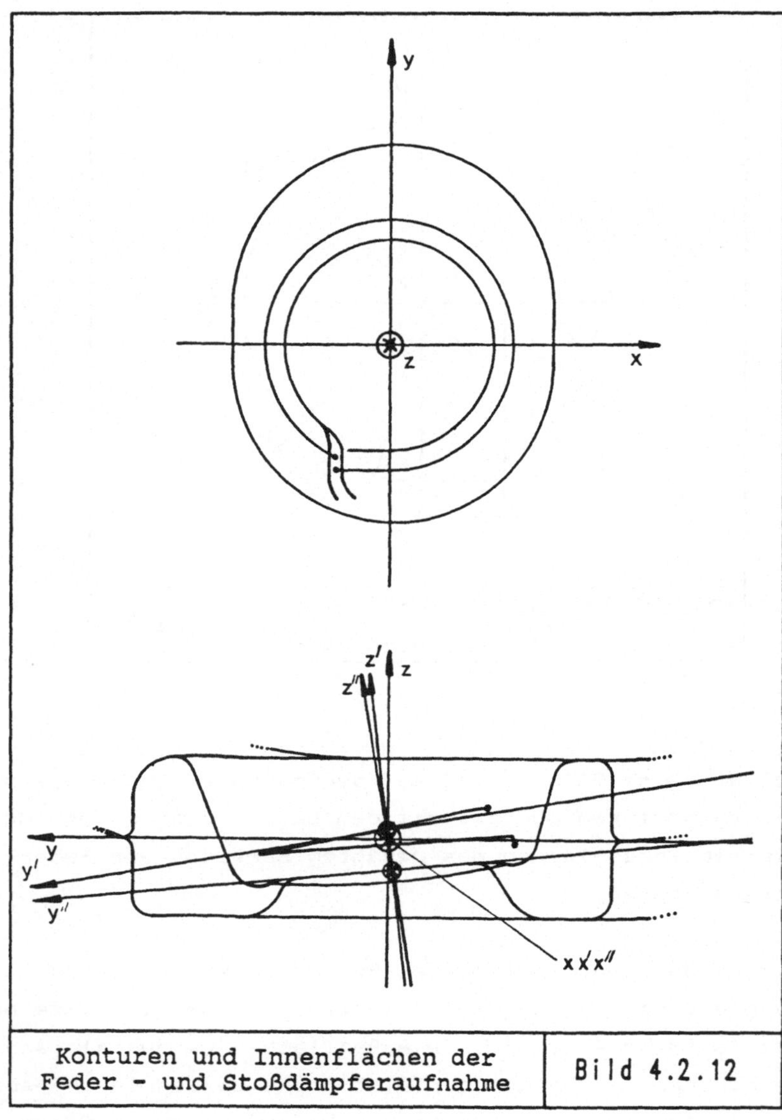

Konturen und Innenflächen der Feder - und Stoßdämpferaufnahme

Bild 4.2.12

Bild 4.2.13 auf der nächsten Seite zeigt die Fertigungszeichnung des vollständigen Schräglenkers ohne Bemaßung in zwei Ansichten.

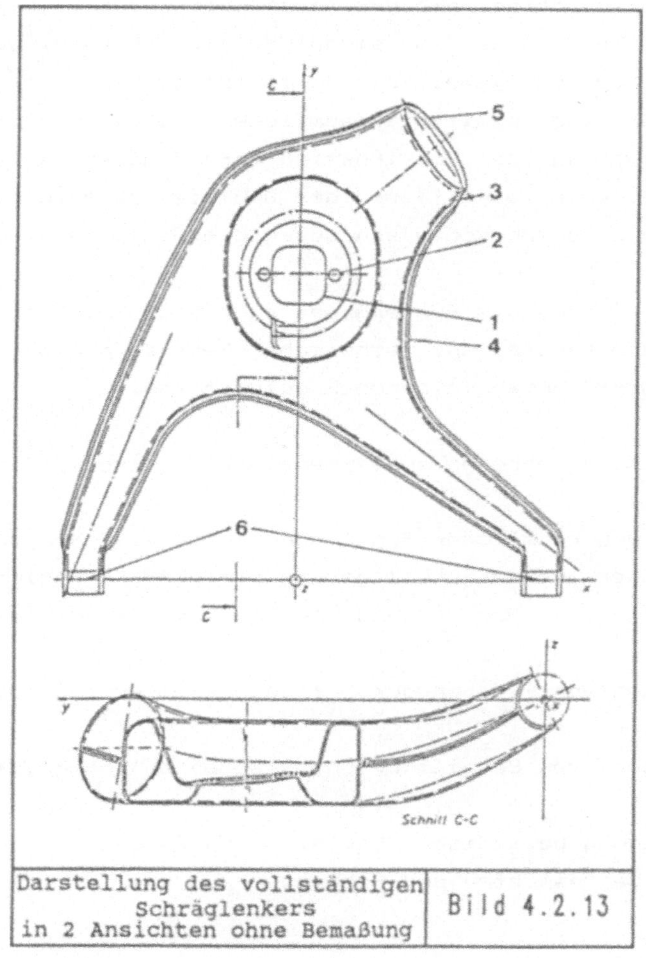

Darstellung des vollständigen Schräglenkers in 2 Ansichten ohne Bemaßung	Bild 4.2.13

Ausgehend von dieser Darstellung eines Konstruktionsbeispiels
laßt sich verallgemeinert zusammenfassen, daß der Konstrukteur
auch in solchen Fallen mit der Eingabe von Punkten beginnt. Daran
schließt sich die vorlaufig noch skizzenhafte Darstellung des
technischen Gebildes mit Konturen an, die aber schon charakteristisch fur die spater entstehenden Flachen sind. Die Konstruktion dieser Konturen, die bereits mehrfach raumlich gekrummt sein
konnen, erfolgt durch die Konstruktion der Projektion in zwei

orthogonalen Ansichten, die der Konstrukteur aus seinem Gedanken-
modell ableiten und zweidimensional darstellen kann. Durch die
Zuordnung zu den den jeweiligen Ansichten zugrunde liegenden
Schnittebenen liegt damit die räumliche Lage der Konturen fest.
Im weiteren Verlauf der Konstruktion werden diese Konturen
genutzt, um die Teiloberflächen der Bauteile zu erzeugen. Die
Konstruktion wird abgeschlossen durch die Gestaltung der
Einzelheiten.
Daraus ergeben sich als Forderungen an ein 3D-CAD-System zur
Gestaltung und Darstellung technischer Gebilde mit beliebig
gekrummten Oberflächen folgende Problematiken:

- Arbeiten in mehreren zweidimensionalen, frei definierbaren
  Ansichten.
- Ermittlung räumlicher Punkt- und Konturelementdaten aus
  einer oder aus der uberlagerung mehrerer 2D-Ansichten.
- Gestaltung und Darstellung von Flächen mit beliebiger
  Gestalt.
- Erzeugung von Flächen durch Eingabe mehrerer Randbedingun-
  gen.
- Berechnung von Schnittkurven zwischen beliebig geformten
  Flächen.
- übertragung beliebiger Punkte, Konturen und Flächen in
  beliebige Ansichten und Schnitte

4.2 Forderungen aus der Gestaltung und Darstellung standardisier-
ter technischer Gebilde

Wurde in dem vorherigen Kapitel beispielhaft die Gestaltung und
Darstellung technischer Gebilde betrachtet, bei denen zu Beginn
die Gestalt der Bauteile und Teiloberflächen noch unbekannt ist,
soll nun auf die Handhabung von standardisierten technischen
Gebilden in CAD-Systemen eingegangen werden. Form, Lage, Zahl,
Reihenfolge und Verbindungsstruktur dieser standardisierten
Gebilde liegen fest. Zur Festlegung der vollständigen Gestalt ist
lediglich die Festlegung einiger charakteristischer Abmessungen
und ihre anschliessende Positionierung im Raum notwendig. Beispiele für derartige Gebilde sind Standard- und Normteile.
Würde man derartige technische Gebilde auf die im vorherigen
Kapitel beschriebene Weise konstruieren, müßten alle Gestaltparameter der jeweiligen Gestaltelemente bei der Änderung einiger
Maße vollständig neu ermittelt werden. Um diesen umständlichen
und zeitraubenden Weg zu umgehen, muß ein CAD-System die
Möglichkeit bieten, standardisierte technische Gebilde mit fest-
gelegter Form, Zahl, Lage, Reihenfolge und Verbindungsstruktur
ihrer Gestaltparameter nach der Eingabe von Parametern, die die
speziellen Abmessungen festlegen, automatisch zu erzeugen und
diese im Raum interaktiv an beliebiger Stelle und in beliebiger
Lage zu positionieren.
Die Positionierung dreidimensionaler technischer Gebilde im Raum
wiederum stellt sich als schwierig dar, da sie sich, legt man zum
Beispiel ein karthesisches Koordinatensystem zugrunde, als die
Überlagerung einer Verschiebung in x,y,z-Richtung und einer
Drehung um die x-,y- und z-Achse ergibt, was bei komplexen Bauteilen und Baugruppen die Vorstellung des Konstrukteurs sehr
erschwert.
Diese besondere Problematik soll an dem in Bild 4.3.1 dargestellten Bauteil B und dem Zylinder Z veranschaulicht werden. Hierbei
soll die Fläche F1 des Zylinders Z so auf die Flache F2 des Bauteils B positioniert werden, daß die Achse des Zylinders parallel
zum Normalenvektor und genau durch den Mittelpunkt von F2 verläuft. Ohne entsprechende Hilfsmittel des CAD-Systems mußte ein

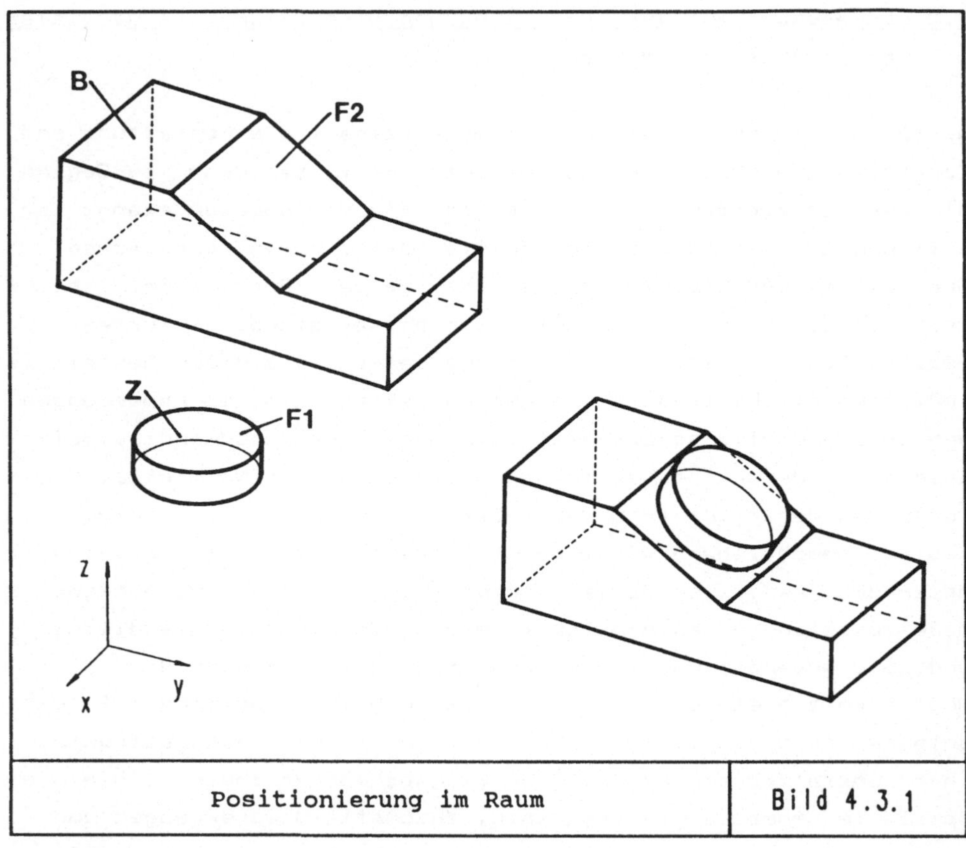

| Positionierung im Raum | Bild 4.3.1 |

Benutzer in diesem Fall folgende Schritte nacheinander durchführen:

- Berechnung des Mittelpunktes der Flächen F1 und F2

- Ermittlung der benötigten Verschiebevektoren in x-,y- und z Richtung

- Ermittlung des Raumwinkels zwischen Achsvektor von Z und Normalenvektor von F2. Der Raumwinkel stellt die uberlagerung von Drehungen um die x-,y- und z-Achse dar /5/.

- Drehen und Verschieben des Zylinders Z.

Es ist ersichtlich, daß der Aufwand selbst bei diesem scheinbar
einfachen Problem erheblich ist. An dieser Stelle ergibt sich
somit die grundlegende Forderung an ein CAD-System, daß zur räum-
lichen Positionierung von Gestaltelementen Hilfsfunktionen zur
Verfügung stehen, die keine mühsam ermittelten numerischen Einga-
ben erfordern, sondern die tatsächliche Intention des Konstrukteurs, nämlich den Zylinder Z senkrecht und mittig auf die Fläche
F2 zu setzen, automatisch in eine entsprechende Drehung und Verschiebung umsetzt.

4.3 Forderungen aus der Gestaltänderung technischer Gebilde

Ist ein technisches Gebilde vollständig dreidimensional erfaßt,
kann es vorkommen, daß noch gewisse Gestaltänderungen zur Detail-
lierung vorgenommen werden müssen. Diese Gestaltänderungen können
durch fertigungstechnische, sicherheitstechnische, festigkeits-
mäßige, optische und andere Kriterien oder Restriktionen erforderlich werden. Stets beinhalten sie eine relativ geringe Änderung der Gestalt des technischen Gebildes. Wie bereits aus den
Ausführungen in Kap.3 hervorgeht, läßt sich nun jede Änderung der
Gestalt technischer Gebilde durch die Variation der seine Gestalt
festlegenden Gestaltparameter Abmessung, Form, Zahl, Lage, Anordnung und Verbindungsstruktur realisieren. In solchen Fällen muß
der Konstrukteur die Parameter jedes zu verändernden Gestaltelementes neu definieren.
Solche, die Gestalt vervollständigende Maßnahmen sind:

- Verrundung scharfer Kanten und Ecken
- Anbringen von Fasen
- Berechnung von Entformungsschragen
- usw.

Um solche Gestaltänderungen bequem durchfuhren zu können, ist an
ein universelles 3D-CAD-System die Forderung zu stellen, daß
Gestaltanderungen, die die eigentliche Konstruktion des techni-

schen Gebildes nicht betreffen, sondern lediglich Detailände-
rungen in gewissen Bereichen nach immer gleichen Regeln bedeuten,
direkt am dreidimensional beschriebenen technischen Gebilde und
so weit wie möglich automatisch durchführbar sein müssen.

4.4 Zusammenfassung der Forderungen an ein 3D-CAD-System

Aus den in Kap.3 sowie 4.1 - 4.3 analysierten Anforderungen läßt
sich folgender Forderungskatalog angeben:

- Die Gestaltstruktur technischer Gebilde muß von dem zu entwickelnden 3D-CAD-System vollständig wiedergegeben werden
  können.

- Das System muß Gestaltelemente beliebiger Komplexität
  beherrschen, d. h. es müssen Punkte, Konturelemente, Flächen
  und Körper (Bauteile) einzeln oder gemeinsam generierbar und
  veränderbar sein.

- Alle die Gestalt technischer Gebilde festlegenden Gestaltparameter müssen von dem System erfaßt werden, d. h. die
  möglicherweise darzustellende Gestalt technischer Gebilde
  darf bezüglich ihrer Parameter Abmessung, Lage, Zahl, Form,
  Reihenfolge und Verbindungsstruktur keinen Einschränkungen
  unterliegen.

- Die konventionelle Konstruktion in Ansichten und Schnitten
  muß vollständig anwendbar sein, wobei sämtliche anfallenden
  Daten zur Generierung der dreidimensionalen Bauteilgestalt
  genutzt werden müssen.

- Der Konstrukteur muß neben den in DIN 6 beschriebenen Ansichten freie Ansichten (=Ansichten unter beliebigem Blick-
  winkel) definieren und in diesen Ansichten ebenso arbeiten
  können.

- Standardisierte und normierte technische Gebilde müssen mit
  im System vorhandenen Grundkörpern durch einfache Eingabe
  spezieller Abmessungen und durch beliebige Verknüpfung
  mehrere Grundkörper miteinander konstruierbar sein.

- Das System muß vielfältige Möglichkeiten bieten, einzelne
  geometrische Elemente (Punkt, Konturelemente, Flächen und
  Körper) zu erzeugen.

- Gemäß der Vorgehensweise bei einer konventionellen Konstruktion muß das System die Möglichkeit bieten, von der Konstruktion einzelner Konturen zur Gestaltung einzelner Oberflächen überzugehen und so letztlich die Gestalt eines
  realen technischen Gebildes durch die Gestaltung einzelner
  Teiloberflachen zu synthetisieren.

- Die Positionierung von Bauteilelementen im Raum muß mittels
  weniger, einfacher Befehle möglich sein.

- Es müssen Detaillierungsfunktionen vorhanden sein, die eine
  bequeme Durchführung von Maßnahmen zur Vervollstandigung der
  Gestalt technischer Gebilde (z.B. Verrundung scharfer Kanten
  und Ecken) ermöglichen.

- Zur Berechnung von Volumen, Schwerpunkt, usw. muß das jeweilige technische Gebilde vollständig mit allen Körperinformationen mit dem System beschrieben werden können.

- Operationen zur Darstellung des jeweiligen dreidimensionalen
  technischen Gebildes in beliebigen Ansichten und Schnitten
  müssen automatisch vom System durchgeführt werden können.

- Zur direkten Ankopplung an Fertigungsmodule müssen Angaben
  uber die Mikrogeometrie des Bauteils /6/ (z.B. Oberflächen-
  rauhigkeit) im System speicherbar sein.

5. Rechnerinterne Gestalt-Darstellung allgemeiner technischer Gebilde

Aus den in Kap.3 und Kap.4 durchgeführten Analysen der Gestalt technischer Gebilde sowie der Analyse möglicher Gestaltungs- und Darstellungsprozesse anhand von Beispielen ergaben sich unterschiedliche Anforderungen an ein 3D-CAD-System. Betrachtet man die Arten von Geometrien, die der Konstrukteur mit Hilfe des Systems erzeugen und verändern können muß, so ergeben sich Gestaltelemente unterschiedlicher Komplexität, die alle von einem CAD-System handhabbar sein müssen:

- Punkte

- Konturelemente: · Gerade
· Kreis, Kreisbogen
· allgemeiner Kegelschnitt
(Ellipse, Parabel, Hyperbel)
· Konturen beliebiger Form
(Splines)

- Flächen : · Ebene
· Zylinderfläche
· Kegelfläche
· Kugelfläche
· Torusfläche
· Freiformfläche

- Körper : · Grundkörper (Quader, Zylinder, Kegel, Kugel, Torus, Pyramide, Prisma)
· Translationskörper
(= 2D-Profil + Dicke)
· Rotationskörper
(= 2D-Profil + Rotationsachse + Winkel)

- Körper, die in mehreren Ansichten und Schnitten dargestellt sind
- Körper, die aus beliebigen Flächen zusammengesetzt sind
- Standard- und Normteile
- Makrobauteile

Jedes dieser Gestaltelemente ist Repräsentant für ein sog. "rechnerinternes Modell". Im allgemeinen spricht man hierbei von folgenden "Modellen":

- Ecken- oder Punktmodell : keine Informationen über Kanten, Flächen, Art und Lage des Werkstoffs, Oberflächengüte, Toleranzen, usw.

- Kanten- oder Drahtmodell : keine Informationen über Flächen, Art und Lage des Werkstoffs, Oberflächengüte, Toleranzen, usw.

- Flächenmodell : keine Informationen über Art und Lage des Werkstoffs, Oberflächengüte, Toleranzen, usw.

- Volumenmodell : keine Informationen über Art des Werkstoffs, Oberflächengüte, Toleranzen, usw.

- Werkstückmodell : Vollständige Beschreibung

In der einschlägigen Literatur wird mit dem Begriff "Volumenmodell" häufig die vollständige Beschreibung technischer Gebilde im Rechner bezeichnet. Dies trifft jedoch lediglich auf die Vollständigkeit der makroskopischen Gestaltdaten zu. Um den Unterschied zwischen einem Volumenmodell und einer vollständigen Beschreibung technischer Gebilde zu verdeutlichen, wurde an dieser Stelle der Begriff "Werkstückmodell" eingeführt. Da sich diese Arbeit im weiteren jedoch in erster Linie mit makroskopischen Gestaltdaten beschäftigt, soll ebenfalls der Begriff "Volumenmodell" verwendet werden.

Alle o.g. "Modelle" stellen die Gestalt technischer Gebilde in einer für den Rechner mit festgelegten Interpretationsvorschriften verständlichen Form dar. Aus diesem Grund wird im weiteren Verlauf dieser Arbeit von rechnerinternen Gestalt-Darstellungen (=RGD) gesprochen. Analysiert man die einzelnen RGD's hinsichtlich des Informationsgehaltes ihrer Gestaltelemente und der Möglichkeit zur Automatisierung von Gestaltungs- und Darstellungsprozessen, so ergeben sich große Unterschiede. Im wesentlichen liegen diese Unterschiede in dem Informationsgehalt der RGD dreidimensionaler Bauteile begründet, weshalb sich die folgenden Ausführungen zunächst auf diese beschränken sollen.

5.1 Beschreibung technischer Gebilde als Kantenmodell

In einem Kantenmodell wird ein technisches Gebilde aus Punkten
und Konturelementen (=Kanten) unvollständig beschrieben und dargestellt. Informationen über die Gestalt der Oberflächen liegen
nicht vor, ebensowenig solche über Art und Lage des Werkstoffs.
Der Konstrukteur gestaltet, indem er mathematisch beschreibbare
Konturelemente mit bestimmten Abmessungen, die durch begrenzende
Punkte vorgegeben werden, erzeugt. Zwar lassen sich Drehungen im
Raum und das Erzeugen unvollständiger Ansichten realisieren,
infolge des äußerst geringen Informationsgehalts der RGD sind
jedoch Automatismen, wie zum Beispiel Sichtbarkeitsklärung,
Schnitte, Volumenberechnungen usw., nicht möglich. Schneidet man
ein als Kantenmodell erfaßtes Bauteil mit einer imaginären Ebene,
so ergeben sich lediglich Schnittpunkte (Bild 5.1.1).

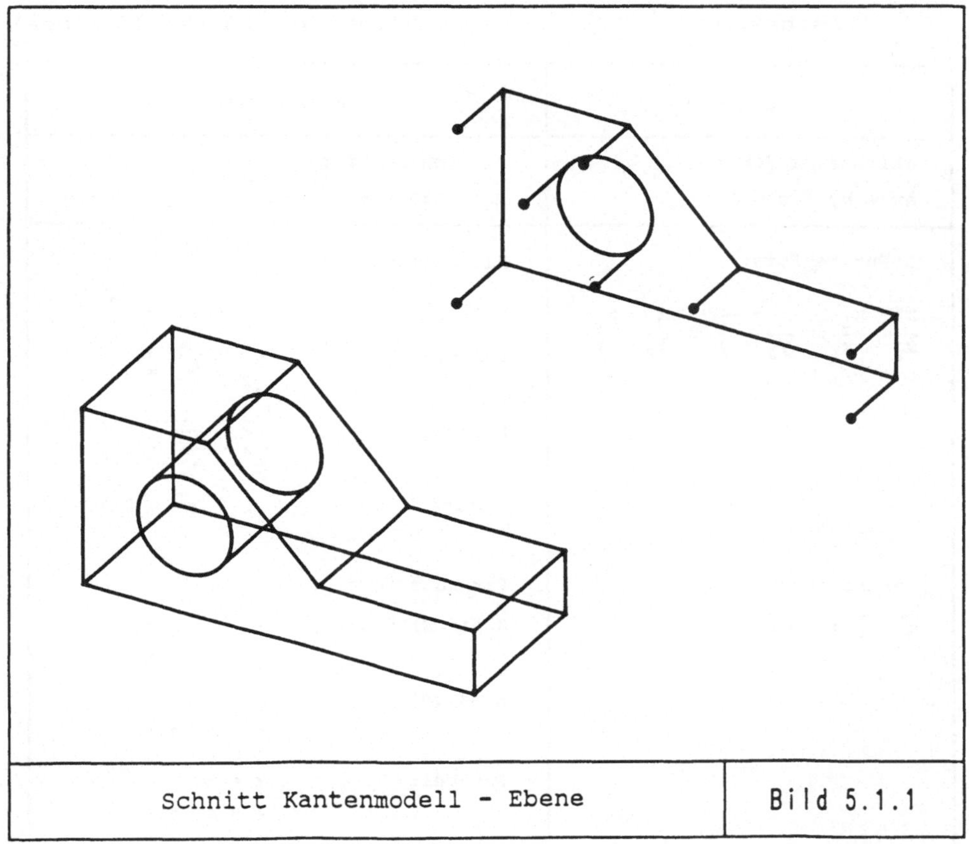

Schnitt Kantenmodell - Ebene	Bild 5.1.1

Die Berechnung von Schnittlinien, die die Punkte verbinden und
die als neue Flächenumrandungen eingesetzt werden können, ist
infolge fehlender Flächeninformationen nicht möglich.
Als Vorteil eines solchen Modells ist anzusehen, daß die Datenmenge äußerst gering und die mit den einzelnen Operationen ver-
bundenen Antwortzeiten sehr kurz sind.
Arbeitet der Konstrukteur mit einer solchen RGD, so stehen ihm
als Konstruktionselemente nur Punkte und Konturelemente zur Verfügung. Für die Gestalt von Bauteilen sind folgende Formen von
Konturelementen von Bedeutung, die sich in 2 Gruppen unterteilen
lassen:

    – analytisch beschreibbar: · Gerade

                                     · Kreis, Kreisbogen

                                     · Kegelschnitt (Ellipse,
                                          Hyperbel, Parabel)

    – analytisch nicht
      beschreibbar: · allgemeine Kurven (Splines)

Gerade	Kegelschnitt
allgemeine Form: $ax + by + c = 0$	allgemeine Form: $ax^2 + 2bxy + cy^2 + 2dx + 2ey + f = 0$
2-Punkte-Form: $\dfrac{x - x_1}{x_2 - x_1} = \dfrac{y - y_1}{y_2 - y_1} = \dfrac{z - z_1}{z_2 - z_1}$	Hauptachsenform: Kreis: $x^2 + y^2 = R^2$ Ellipse: $\dfrac{x^2}{a^2} + \dfrac{y^2}{b^2} = 1$ Hyperbel: $\dfrac{x^2}{a^2} - \dfrac{y^2}{b^2} = 1$ Parabel: $y^2 = 2ax$

Parameterform:
$\vec{g} = \vec{p} + t \cdot \vec{v}$
	Parameterform:
	
	Kreis/Ellipse: $x = a \cdot \cos(t)$
	                  $y = b \cdot \sin(t)$
	
	Hyperbel: $x = a \cdot \text{ch}(t)$
	                  $y = b \cdot \text{sh}(t)$
	
	Parabel: $x = t^2$
	                  $y = a \cdot t$

Mathematische Beschreibungsformen für analytische Kurven   **Bild 5.1.2**

Für die mathematische Behandlung dieser unterschiedlichen Konturelemente sind in der Literatur eine Reihe von Verfahren bekannt
/7,8,9/. Während jedoch die Gestalt der analytisch beschreibbaren
Kontur-elemente unabhängig von der gewählten mathematischen Beschreibungsform ist (Bild 5.1.2), ergeben sich für Splines je
nach gewählter Beschreibungsform bei gleichen Ausgangsdaten völlig unterschiedliche Formen und Eigenschaften. Da das Verständnis
dieser Problematik für die weitere Arbeit von Bedeutung ist,
sollen die wichtigsten Verfahren zur Beschreibung von Splines an
dieser Stelle kurz erläutert werden.

Splines werden immer dann benötigt, wenn Kurven konstruiert werden müssen, die analytisch nicht mehr geschlossen beschreibbar
sind, von denen jedoch einzelne Punkte bekannt sind. Die hierzu
in der Vergangenheit entwickelten Verfahren lassen sich prinzipiell in zwei Verfahrensklassen aufteilen:

- approximierende Verfahren: Die Kurve befindet sich
                             in der Nähe der vorgege-
                             benen Punkte

- interpolierende Verfahren: Die Kurve geht exakt durch
                             die vorgegebenen Punkte

Nachdem in der Anfangsphase der Entwicklung von CAD-Systemen die
unterschiedlichsten Verfahren entwickelt wurden, haben sich in
letzter Zeit in erster Linie folgende 3 Verfahren als praxis-
gerecht herauskristallisiert:

- Verfahren nach Bezier (approximierend)
- approximierendes B-Spline-Verfahren
- interpolierendes B-Spline-Verfahren.

In allen Fällen handelt es sich um parametrische Verfahren. Durch
die Darstellung einer Funktion in Parameter-Form (Parameter =
Hilfsvariable) erreicht man eine überführung der impliziten Form:

    z = f(x,y)

in die explizite (Parameterform), in der die 3 Größen x,y,z nicht
mehr voneinander, sondern von einem sog. Parameter (u) abhängig
sind, der wiederum einen für die jeweilige Funktion bestimmten
Definitionsbereich besitzt (Bild 5.1.3) :

    x = g(u)
    y = h(u)
    z = r(u)

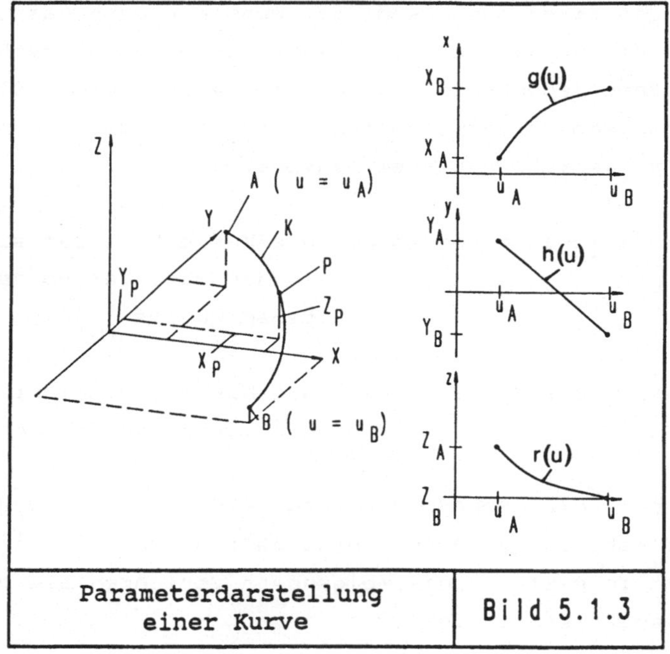

**Parameterdarstellung
einer Kurve**

Bild 5.1.3

Jedem Wert des Parameters u entspricht innerhalb seines Defini-
tionsbereichs genau ein x-,y- und z-Wert. Hierdurch kann es nicht
vorkommen, daß zu einem x- oder y-Wert mehrere mögliche z-Werte
existieren und die Lösung somit nicht eindeutig ist.

5.1.1 Beschreibung allgemeiner Kurven mit dem Verfahren von Bezier

Dieses Verfahren wurde von dem französischen Mathematiker Bezier
während seiner Tätigkeit bei der Automobilfirma RENAULT
entwickelt und eingesetzt /10/.
Eine Bezier-Kurve BZ(u) wird definiert durch die Beziehung:

$$BZ(u) \;=\; \sum_{i=0}^{n} B_{i,n}(u) \cdot p_i \qquad u \in [0,1]$$

mit: p_i = i-ter Stützpunkt

$n+1$ = Anzahl der Stützpunkte

$$B_{i,n}(u) \;:=\; \binom{n}{i} u^i \cdot (1-u)^{n-i}$$

Die $B_{i,n}(u)$ sind hierbei die sog. Gewichtsfunktionen, die außer
vom Parameter u auch von i und n abhängig sind, sodaß für jede

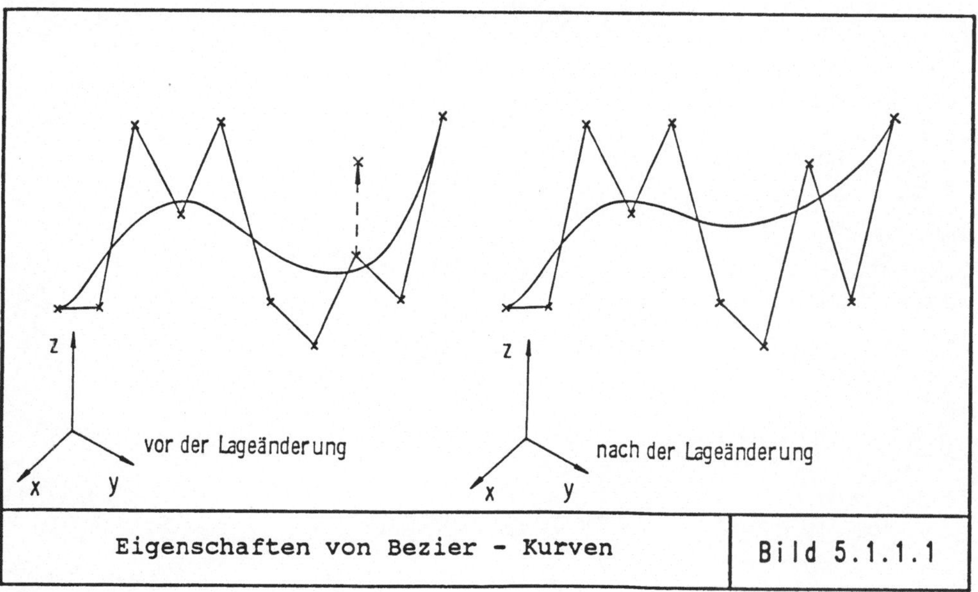

Eigenschaften von Bezier - Kurven	Bild 5.1.1.1

Anzahl von Stützpunkten andere Gewichtsfunktionen ermittelt werden müssen und jeder Punkt für jeden Wert des Parameters u im Intervall [0,1] Einfluß auf den Verlauf der Kurve besitzt. Jedem Wert des Parameter u zwischen 0 und 1 entspricht also ein Punkt auf der Bezier-Kurve. Um die Koordinaten eines Punktes zu berechnen, muß der Wert <u>aller</u> Gewichtsfunktionen für den jeweiligen Parameterwert berechnet und mit den entsprechenden Stützpunkten multipliziert werden. Durch Summation der so errechneten Werte erhält man schließlich den Punkt.

Man spricht hierbei vom globalen Charakter der Bezier-Kurven, der bei Änderung von Stützpunktkoordinaten dazu führt, daß die Kurve über ihren gesamten Bereich verändert wird (Bild 5.1.1.1). Nachteilig ist weiterhin, daß die Ordnung der Polynome und damit die Schwingneigung proportional zur Anzahl der Stützpunkte ansteigt.

Zur Verdeutlichung befindet sich im Anhang in Kapitel 12 ein Beispiel für die Berechnung einer Bezier-Kurve.

5.1.2 Beschreibung allgemeiner Kurven mit approximierenden Basis-Splines

Im Rahmen der mathematischen Basis-Spline-Theorie, auf deren Erläuterung hier verzichtet werden soll, wird gezeigt, daß durch eine Linearkombination von Basis-Splines jede stückweise Polynom-funktion dargestellt werden kann. Dieses Verhalten bezeichnet man als Basis, weshalb die beschriebenen Splines auch Basis- oder B-Splines genannt werden /11/.

Das von Riesenfeld entwickelte B-Spline-Verfahren besitzt prinzipiell die gleiche Struktur wie die Bezier-Kurven, d.h. jedem Stützpunkt ist eine Gewichtsfunktion (= B-Spline) zugeordnet. Die Gewichtsfunktionen werden jedoch so gewählt, daß sie nur in der Nähe des jeweiligen Stützpunktes ungleich Null sind. Dies hat zur Folge, daß alle Gewichtsfunktionen und somit alle Stützpunkte nur in einem kleinen Bereich des Splines Einfluß auf dessen Form aus-üben.

Die Approximationsfunktion BS(u) wird beschrieben durch:

$$BS(u) = \sum_{i=1}^{n} B_{i,k}(u) \cdot p_i \qquad u \in [0, n+k-2]$$

mit: p_i = i-ter Stützpunkt; n = Anzahl der Stützpunkte

$$B_{i,1}(u) := 1 \text{ wenn } u_i \leq u < u_{i+1}$$
$$0 \text{ sonst}$$

$$B_{i,k}(u) := \frac{(u-u_i) \cdot B_{i,k-1}(u)}{u_{i+k-1} - u_i} + \frac{(u_{i+k}-u) \cdot B_{i+1,k-1}(u)}{u_{i+k} - u_{i+1}}$$

Da eine Gewichtsfunktion $B_{i,k}(u)$ ($B_{i,k}(u)$ ist der i-te B-Spline der Ordnung k) nur über eine Länge von k Parameter-Intervallen ungleich Null ist, ein Stützpunkt also nur in einem begrenzten Bereich Einfluß auf den gesamten Kurvenverlauf besitzt, spricht

man vom lokalen Charakter der B-Splines, der in Bild 5.1.2.1
durch die Lageänderung eines Punktes verdeutlicht wird. Im
Gegensatz zur Berechnung eines Punktes auf einer Bezier-Kurve
werden bei diesem Verfahren also nicht alle Gewichtsfunktionen

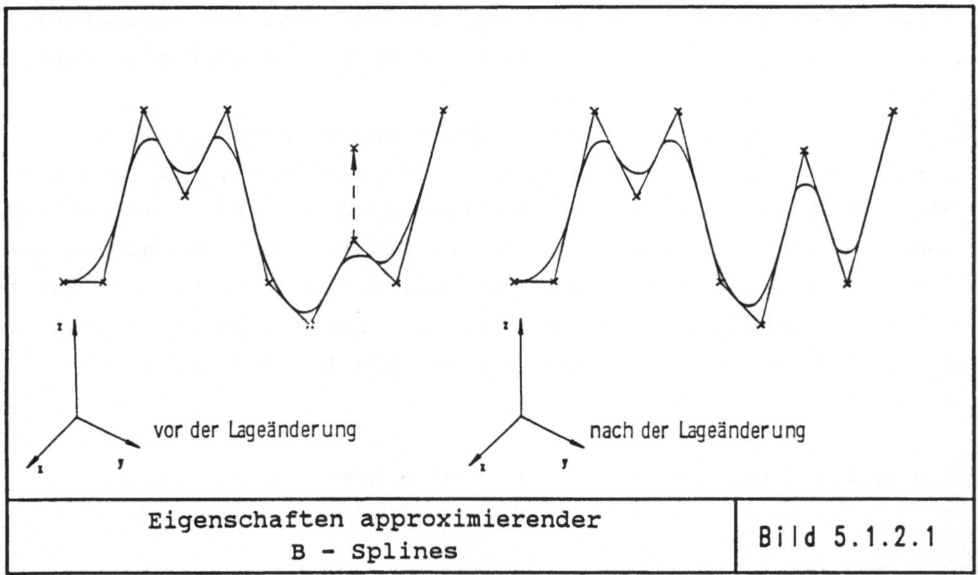

und Stützpunkte zur Berechnung eines B-Spline-Punktes benutzt,
sondern nur die, in deren Parameter-Intervall der jeweilige Punkt
liegt.
Es ist weiterhin zu erkennen, daß durch eine Erhöhung der Ordnung
k der Einflußbereich eines Punktes vergrößert wird. Nachteilig an
diesem Verfahren ist jedoch immer noch die Tatsache, daß die vorgegebenen Stützpunkte nicht exakt durchlaufen werden.
Zur Verdeutlichung befindet sich auch hierzu ein Rechenbeispiel
im Anhang in Kapitel 12.

5.1.3 Beschreibung allgemeiner Kurven mit interpolierenden Basis-Splines

Um den zuletzt geschilderten Nachteil des approximierenden B-Spline-Verfahrens zu beseitigen, ohne seine Vorteile (lokaler Charakter, unabhängig von der Anzahl der Stützpunkte) zu verlieren, entwickelte der Mathematiker de Boor ein interpolierendes B-Spline-Verfahren /12/. Die Interpolationsfunktion BSI(u) wird definiert durch:

$$BSI(u) := \sum_{i=1}^{n} B_{i,k}(u) \cdot a_i \qquad u \in [0, n+k-2]$$

mit: a_i = Lösungsvektor eines Gleichungssystems

Ansonsten gelten die gleichen Definitionen wie bei approximierenden B-Splines

Die Definition der $B_{i,k}(u)$ geschieht auf die gleiche Weise wie bei den approximierenden B-Splines. Im Unterschied zu diesen stellen die a_i jedoch nicht die Stützpunkte dar, sondern sind Lösungsvektor eines linearen Gleichungssystems, das folgendes Aussehen besitzt:

$$\begin{pmatrix} p_1 \\ p_2 \\ \cdot \\ \cdot \\ \cdot \\ p_n \end{pmatrix}^T \cdot \begin{pmatrix} B_1(u_1), & B_1(u_2), & \dots, & B_1(u_n) \\ B_2(u_1), & B_2(u_2), & \dots, & B_2(u_n) \\ & & & \\ & & & \\ & & & \\ B_n(u_1), & B_n(u_2), & \dots, & B_n(u_n) \end{pmatrix}^{-1} = \begin{pmatrix} a_1 \\ a_2 \\ \cdot \\ \cdot \\ \cdot \\ a_n \end{pmatrix}$$

Hierdurch werden die Eigenschaften der approximierenden B-Splines ubernommen, die Kurve jedoch exakt durch die vorgegebenen Stutzpunkte gezwungen (Bild 5.1.3.1).

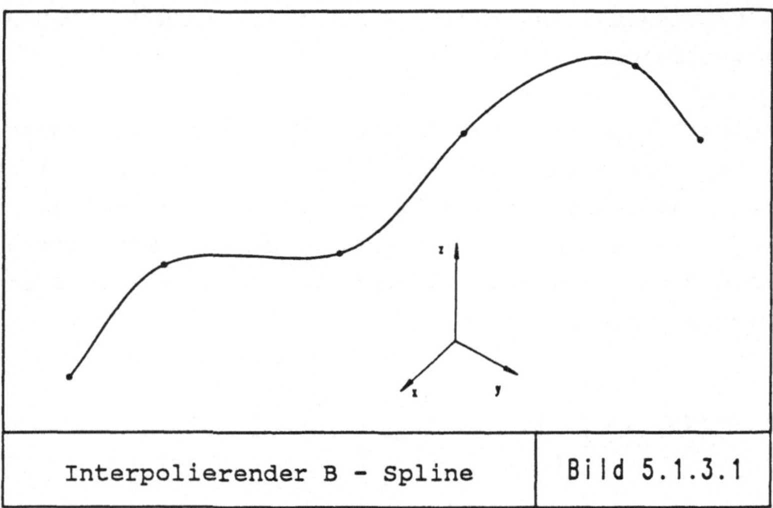

| Interpolierender B - Spline | Bild 5.1.3.1 |

Nachteilig hierbei ist die Tatsache, daß für jede B-Spline-Kurve
das Gleichungssystem zur Ermittlung der a_i gelöst werden muß.
Dieses Gleichungssystem wachst proportional zur Anzahl der Stützpunkte, was zu erheblich längerer Rechenzeit als bei den approximierenden Verfahren führt.
Ein konkretes Rechenbeispiel zu interpolierenden B-Splines
befindet sich im Anhang.

Eignung der verschiedenen Beschreibungsarten
Vergleicht man die Eigenschaften der einzelnen Verfahren mit den
Forderungen aus dem Forderungskatalog, so ist ersichtlich, daß
einzig das interpolierende B-Spline-Verfahren den Anforderungen
eines Konstrukteurs genügt. Fur ihn ist die Rechenzeit und der
mathematische Aufwand unerheblich, hingegen ist es wichtig, daß
die von ihm erzeugten Daten, in diesem Fall also die Stützpunkte,
exakt eingehalten werden, da das System nur auf diese Weise die
Kurve darstellen kann, die der durch die Punkte repräsentierten
Vorstellung des Konstrukteurs entspricht.

5.2 Beschreibung technischer Gebilde als Flächenmodell

In einem Flächenmodell existieren zusätzlich zu den bereits im
Kantenmodell vorliegenden Punkten und Konturen eindeutige
Informationen über die Gestalt der einzelnen Flächen. Obgleich
die durch die Oberflächen beschriebene Gestalt eines Bauteils mit
diesem Modell vollständig darstellbar ist, beinhaltet es noch
nicht die eindeutige RGD eines realen technischen Gebildes.
Hierzu fehlen die Angaben über Art und Lage des Werkstoffs, d.h.
in einem solchen Modell ist dem System nicht bekannt, auf welcher
Seite einer Fläche sich Material befindet und auf welcher nicht.
Jede Fläche ist ein einzelnes Gestaltelement, das allein erzeugt
und manipuliert werden kann und das nichts von den anderen
Flächen, die das Bauteil begrenzen, "weiß". Der Konstrukteur
gestaltet einzelne Teiloberflächen, deren Abmessungen durch die
Erzeugung ihrer berandenden Konturelemente festgelegt wird. Zwar
lassen sich Schnittkurven zwischen beliebigen Flächen infolge der
eindeutigen Flächenbeschreibung automatisch ermitteln, jedoch
sind weitergehende Automatismen, von denen jeweils alle oder
mehrere Flächen betroffen sind, nicht möglich. Ein Beispiel soll
dies verdeutlichen.
An dem in Bild 5.2.1 dargestellten Bauteil B soll an der durch
die Mittellinie M dargestellten Stelle eine Durchgangsbohrung
angebracht werden.
Nacheinander müssen hierzu vom Systembenutzer folgende Einzel-
schritte durchgeführt werden:

1. Erzeugung der Zylinderfläche Z an der Stelle M
   mit dem Durchmesser D (Bild 5.2.1A)

2. Berechnung der Schnittkurven zwischen Ebene E1 und
   Z, der Ebene E2 und Z sowie der Ebene E3 und Z
   (Bild 5.2.1B)

3. Ermitteln der Schnittpunkte der Schnittkurven mit den
   Berandungskonturen der Ebenen E1, E2, E3 und Loschen
   der entsprechenden Konturbereiche (Bild 5.2.1C).

4. Löschen der beiden Vollkreise K1 und K2 der Zylinderfläche Z (Bild 5.2.1D).

5. Zuordnung der einzelnen Schnittkonturen zur Zylinderfläche Z (Bild 5.2.1E).

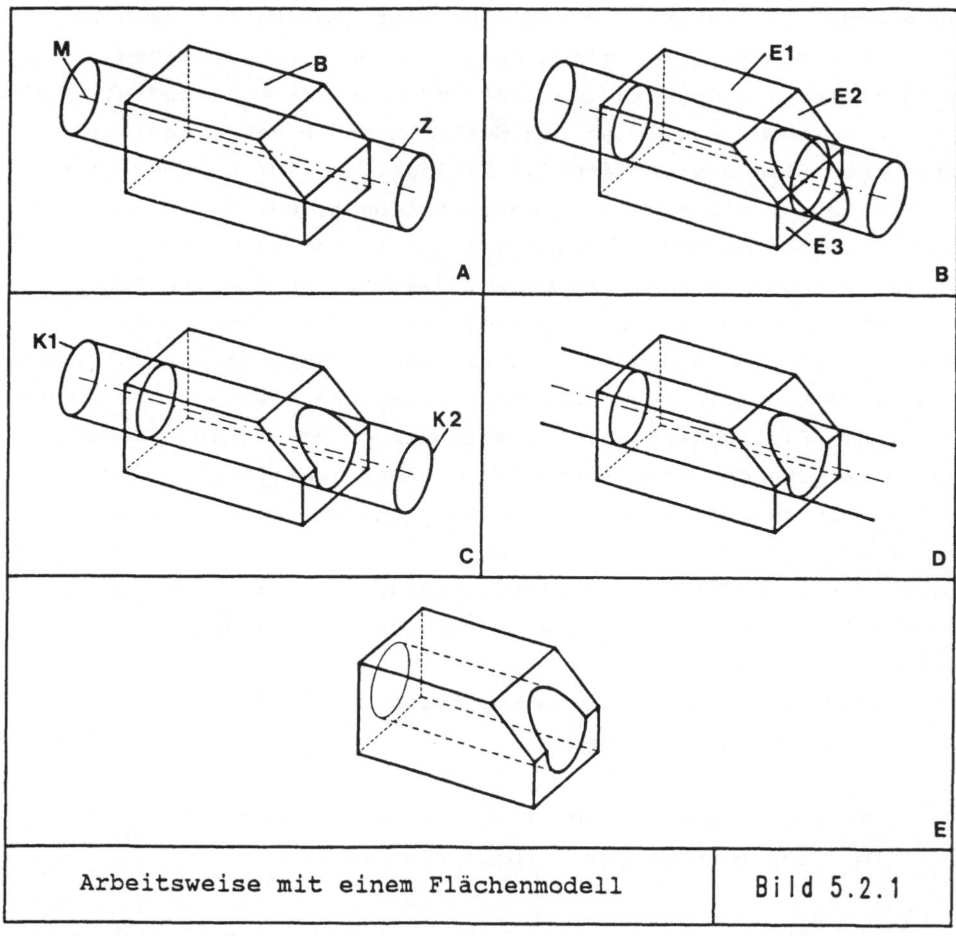

Arbeitsweise mit einem Flächenmodell   Bild 5.2.1

Als Vorteil eines solchen Modells ist anzusehen, daß der Konstrukteur Schritt für Schritt die Gestalt eines technischen
Gebildes durch die Gestaltung der einzelnen Teiloberflächen
synthetisieren kann, so wie er es vom Zeichenbrett her gewohnt
ist. Durch die Vollständigkeit der Flächenbeschreibung sind

weiterhin Informationen für die Fertigung vorhanden. Nicht
möglich sind Automatismen wie Sichtbarkeitsklärung, Verrundung
von Kanten und Ecken, Volumenberechnung oder die Ermittlung von
Schnitten. Im Vergleich zu dem in Kap. 5.1 angeführten Beispiel
eines Schnittes erhält man mit einem Flächenmodell bei einem
Schnitt sämtlicher Flächen des Bauteils mit einer imaginären
Ebene zwar alle Schnittpunkte und Schnittkonturen; da jedoch die
Lage des Werkstoffs unbekannt ist, kann die Schnittfläche nicht
automatisch ermittelt und schraffiert werden (Bild 5.2.2).

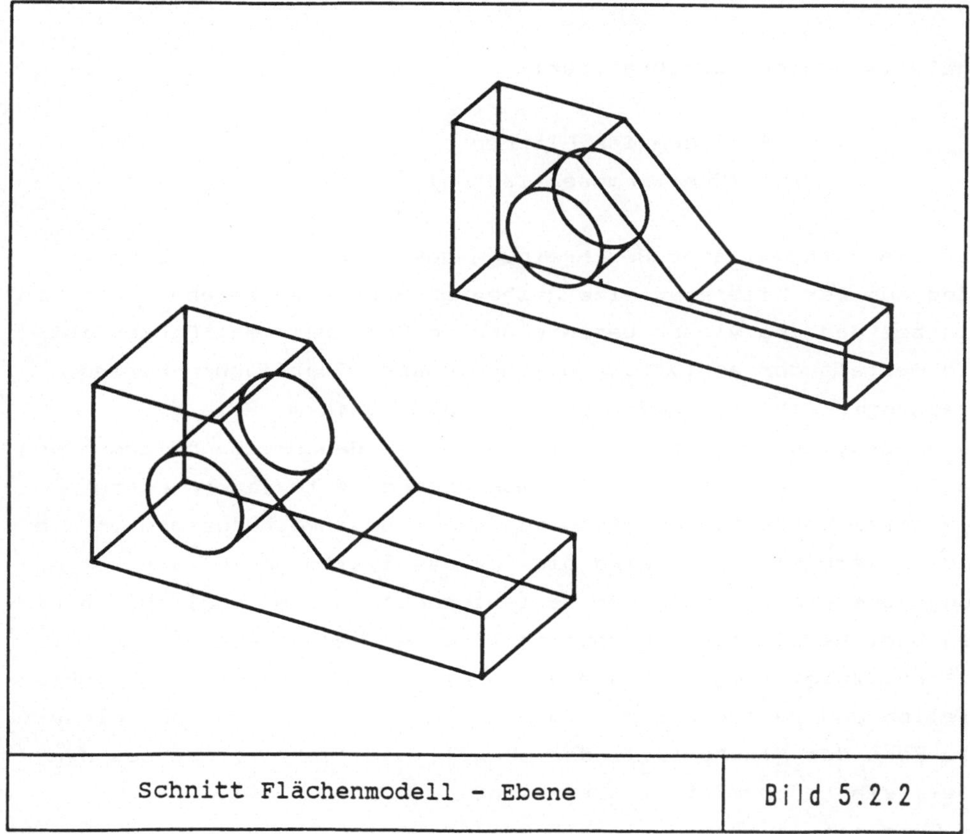

Schnitt Flächenmodell - Ebene	Bild 5.2.2

Wie bereits erwähnt, stehen dem Konstrukteur in einem
Flächenmodell als Gestaltungselemente einzelne Flächen zur

Verfügung. Für die Gestalt von Bauteilen sind hierbei folgende
Flächenformen von Bedeutung, die sich wiederum in 2 Gruppen
unterteilen lassen:

analytisch beschreibbar:

- Ebene
- Zylinderfläche
- Kegelfläche
- Kugelfläche
- Torusfläche

analytisch nicht beschreibbar:

- allgemeine Flächen
  (Freiformoberflächen)

Für die mathematische Beschreibung der Flachen beider Gruppen
sind aus der Literatur eine Reihe von Verfahren bekannt. Ahnlich
wie bei den analytisch beschreibbaren Konturelement-Formen ist
die Gestalt der analytisch beschreibbaren Oberflächen-Formen
unabhängig von der gewählten Beschreibungsform (Bild 5.2.3).
Da einerseits jede dieser mathematischen Beschreibungsformen von
Fall zu Fall Vorteile bietet, man andererseits jedoch durch
geeignete Umrechnungen stets von einer Beschreibungsform in die
andere wechseln kann, wird die für das System gewählte Beschreibungsform einzig unter den Gesichtspunkten eines möglichst geringen Speicherplatzes und möglichst kurzer Rechenzeit ermittelt.
Hierbei zeigt sich, daß die allgemeine Form gegenüber der vekto-
riellen und parametrischen Form von Nachteil ist, da bei dieser
die Form der Fläche (Zylinder, Kegel, usw.) erst immer aus den
Koeffizienten ermittelt werden muß.
Im Gegensatz zu den Beschreibungsformen fur analytisch beschreibbare Flächen ergeben sich für analytisch nicht beschreibbare
Flächen, im weiteren Freiformflächen genannt, je nach gewähltem
Verfahren, bezüglich der Gestalt große Unterschiede.
Nachdem zu Beginn der CAD-Entwicklungen, wie bei den analytisch

	Ebene	Zylinder	Kegel	Kugel	Torus
vektorielle Form	$(\vec{x} - \vec{p}_e) * \vec{n}_e = 0$ $\vec{p}_e$ = Punkt auf der Ebene $\vec{n}_e$ = Normalenvektor	$\|(\vec{x} - \vec{p}_z) \times \vec{n}_z\| - R = 0$ $\vec{p}_z$ = Punkt auf der Zylinderachse $\vec{n}_z$ = Achsvektor R = Radius	$(\vec{x} - \vec{p}_s) * \vec{n}_k = \|(\vec{x} - \vec{p}_s)\| * \cos(\alpha)$ $\vec{p}_s$ = Kegel-Spitzenpunkt $\vec{n}_k$ = Achsvektor α = halber Kegelöffnungswinkel	$\|\vec{x} - \vec{p}_k\| - R = 0$ $\vec{p}_k$ = Kugelmittelpunkt R = Radius	nicht bekannt
parametrische Form	$\vec{x}(u,v) = \vec{p}_e + u \cdot \vec{a} + v \cdot \vec{b}$ $u,v \quad [-\infty,+\infty]$ $\vec{a}, \vec{b}$ liegen in der Ebene und stehen senkrecht aufeinander	$\vec{x}(u,v) = \vec{p} + v \cdot \vec{n} + f(v) \cdot (\vec{a} \cdot \sin(u) + \vec{b} \cdot \cos(u))$ $\vec{n}$ = Richtungsvektor der Rotationsachse $\vec{p}$ = Punkt auf der Rotationsachse $\vec{a}, \vec{b}, n$ bilden ein Orthonormalsystem Zylinder : $f(v) = R$ Kegel : $f(v) = v \cdot \tan(\alpha)$ Kugel : $f(v) = \sqrt{(R - v^2)}$			$\vec{x}(u,v) = \vec{p}_t + R_1 \cdot (\vec{a} \cdot \sin(v) + \vec{b} \cdot \cos(v)) + R_2 \cdot (\vec{c} \cdot \sin(u) + \vec{d} \cdot \cos(u))$ $\vec{p}_t$ = Torusmittelpunkt R_1 = Rotationsradius R_2 = Querschnittsradius $\vec{a}, \vec{b}$ sowie $\vec{c}, \vec{d}$ stehen senkrecht aufeinander
allgemeine Form	$A \cdot x + B \cdot y + C \cdot z = 0$	$a_1 x^2 + a_2 y^2 + a_3 z^2 + 2a_4 xy + 2a_5 yz + 2a_6 zx + 2a_7 x + 2a_8 y + 2a_9 z + a_{10} = 0$			nicht bekannt

Beschreibungsformen für analytische Flächen (Auszug)

Bild 5.2.3

nicht beschreibbaren Kurven, sehr viele Verfahren entwickelt wurden, haben sich schließlich vier Verfahren in folgender zeitlicher Reihenfolge etabliert:

- Verfahren nach Coons (interpolierend)
- Verfahren nach Bezier (approximierend)
- approximierende B-Spline-Flächen
- interpolierende B-Spline-Flächen

Auch bei diesen Verfahren handelt es sich aus den bereits bei der Erläuterung analytisch nicht beschreibbarer Konturelemente angeführten Gründen um durchweg parametrische Verfahren der Form:

$$f(u,t) = [\ g(u,t),\ h(u,t),\ k(u,t)\ ]$$

$$\text{mit:} \quad x = g(u,t)$$
$$y = h(u,t)$$
$$z = k(u,t)$$

wobei u und t zwei voneinander unabhängige Parameter sind, die nur innerhalb eines begrenzten Intervalls Gültigkeit besitzen. Da zur Flächenbeschreibung zwei Parameter benötigt werden, spricht man auch häufig von bi-parametrischen Beschreibungsformen. Alle diese Beschreibungsformen besitzen zusätzlich eine weitere Eigenschaft, die sie von denen zur Beschreibung analytisch beschreibbarer Flächen unterscheidet. Während diese durch explizite Gleichungen exakt erfaßbar und deshalb ohne ihre begrenzenden Kanten mathematisch überall definiert sind, werden Freiformflächen durch zwei Parameter und ein Stützpunktgitter beschrieben. Solche Flächen besitzen also auch ohne berandende Konturelemente einen durch die Stützpunkte begrenzten Definitionsbereich.
Hieraus läßt sich die für die weiteren Ausführungen wichtige Erkenntnis ableiten, daß man eine dreidimensionale, im x,y,z-Raum beschriebene Freiformfläche immer auch als eine Abbildung auf ihre zweidimensionale u,t-Parameterebene betrachten kann, wodurch eine Reduzierung des dreidimensionalen Problems auf ein wesent

lich einfacheres, zweidimensionales Problem erreicht wird. Jedem
Punkt $P_1(x,y,z)$ der Fläche im Raum entspricht ein Parameterpaar
u,t in der Parameterebene (Bild 5.2.4).

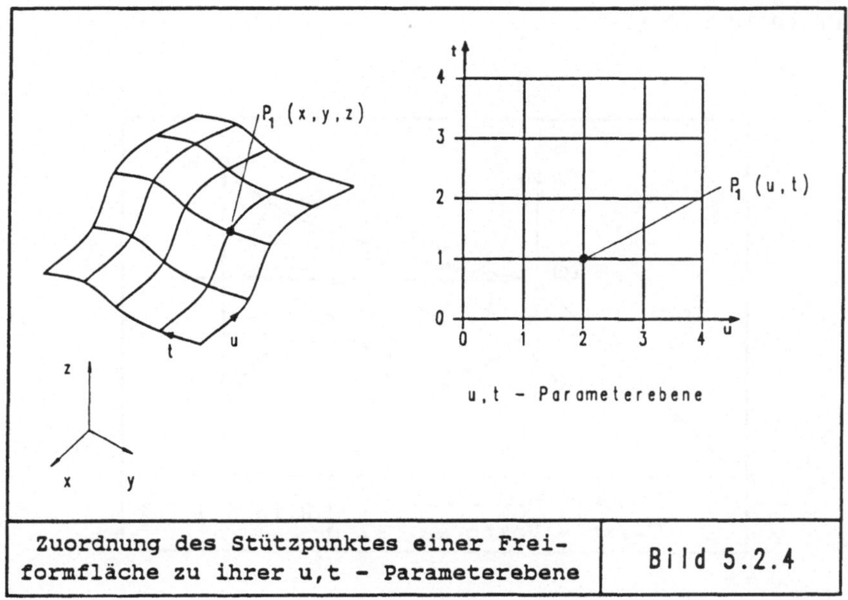

Zuordnung des Stützpunktes einer Frei-formfläche zu ihrer u,t - Parameterebene	Bild 5.2.4

Während die Gestalt der Freiformfläche im Raum dabei beliebig
sein kann, ist ihre Gestalt in der Parameterebene immer gleich
einem Rechteck oder in Sonderfällen gleich einem Quadrat, weshalb
man auch von rechteckiger Parametrisierung spricht.

5.2.1 Beschreibung allgemeiner Flächen mit dem Verfahren
von Coons

Coons entwickelte eine Methode, beliebig Flächen aus einzelnen
Flächenstücken, sogenannten "Patches", die tangential aneinander-
stoßen, zusammenzusetzen. Jedes Patch wird definiert durch vier
berandende Kurven in Parameterform, die sich in den 4 Eckpunkten
des Patches schneiden /13,14/.

Im folgenden sollen die berandenden Kurven mit k(u,t), die definierte Fläche mit f(u,t) bezeichnet, wobei u und t im Intervall
[0,1] definiert sind. Die berandenden Kurven eines Coons-Patches
sind dann die Funktionen k(0,t), k(1,t), k(u,0) und k(u,1). Sie
schneiden sich in den Flächenpunkten k(0,0), k(0,1), k(1,0) und
k(1,1) (Bild 5.2.1.1).

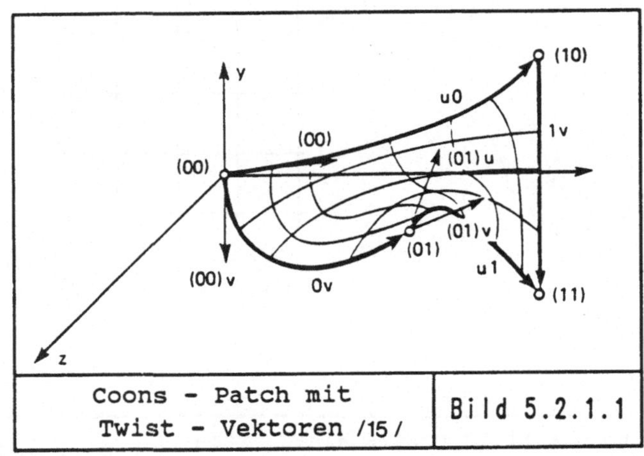

Coons - Patch mit Twist - Vektoren /15/	Bild 5.2.1.1

Zur Verkürzung der Schreibweise werden nun zwei weitere Indices
eingeführt (i und j), die jeweils den Wert 0 oder 1 annehmen
können, sodaß die Berandungskurven durch die Funktionen k(i,t)
und k(u,j) und die 4 Eckpunkte durch die Funktion k(i,j) dargestellt werden können /16/. Da die einzelnen Patches tangential
aneinander stoßen müssen, ist es weiterhin nötig, in den Berandungskurven und Eckpunkten bestimmte Tangentenbedingungen einzuhalten. Diese Tangentenbedingungen drücken sich so aus, daß in
den Berandungskurven die Steigungen in u- bzw. t-Richtung, d.h.
also die partiellen Ableitungen nach u ($k_u(i,t)$) und t ($k_t(u,j)$)
eingehalten werden müssen und in den Eckpunkten die Steigung in
u,t-Richtung ($k_{u,t}(i,j)$). Coons bezeichnet diese Steigungsvektoren als Twist-Vektoren. Zur weiteren Betrachtung der Fläche
führte Coons schließlich sogenannte "blending functions", also
Binde-Funktionen ein, um eine in der 0. und 1. Ableitung

stetige Flächenbeschreibung zu gewährleisten. Nach diesen
Vorbetrachtungen läßt sich die Beschreibungsform für ein COONS-
Patch schreiben als /17/:

$$
\begin{aligned}
f(u,t) = \ &k(i,t) \cdot f_i(u) \ + \ k_u(i,t) \cdot g_i(u) \ + \\
&k(u,j) \cdot f_j(u) \ + \ k_t(u,j) \cdot g_j(t) \ - \\
&k(i,j) \cdot f_i(u) \cdot f_j(t) \ - \\
&k_t(i,j) \cdot g_i(u) \cdot f_j(t) \ - \\
&k_t(i,j) \cdot f_i(u) \cdot g_j(t) \ - \\
&k_{ut}(i,j) \cdot g_i(u) \cdot g_j(t)
\end{aligned}
$$

mit: $\quad f_i$ = "blending functions" für Berandungskurven

$\qquad g_i$ = "blending functions" für Ableitungen

$$
\begin{aligned}
f_0(v) &= 1 - 3v^2 + 2v^3 \\
f_1(v) &= 3v^2 - 2v^3 \\
g_0(v) &= v - 2v^2 + v^3 \\
\text{und} \quad g_1(v) &= -v^2 + v^3
\end{aligned}
$$

Da die Form der berandenden Kurven völlig beliebig ist, ist auch
die Form der mit den einzelnen Patches darstellbaren Flächen-
stücke beliebig. Infolge der exakten Beschreibung der Randkurven
durch parametrische Polynome lassen sich hiermit analytisch
beschreibbaren Flächen wie zum Beispiel Kugel- oder Paraboloiden-
flächen exakt darstellen. Nachteilig ist sicherlich die für einen
Anwender komplizierte Handhabung, die sich durch die Eingabe der
beschreibenden Polynome und besonders durch die Einführung der
Twist-Vektoren ergibt, deren Anwendung für Anwender schwierig
ist.

5.2.2 Beschreibung allgemeiner Flächen mit dem Verfahren von Bezier

Die Flachendarstellung nach Bezier erhält man, indem das Prinzip
der Bezier-Kurven-Approximation auf Flächen erweitert wird. Statt
einer Folge von Stützpunkten benötigt man zur Erzeugung einer

Bezier-Fläche eine sog. Stützpunkt-Matrix der Größe $(n+1)\cdot(m+1)$. Ausgehend von der bi-parametrischen Flächenbeschreibungsform wird dann eine Bezier-Fläche definiert durch:

$$BZF(u,t) = \sum_{i=0}^{n} \sum_{j=0}^{m} p_{i,j} \cdot B_{i,n}(u) \cdot B_{j,m}(t)$$

wobei die $B_{i,n}$ bzw. $B_{j,m}$ identisch mit den bei den Bezier-Kurven beschriebenen Gewichtsfunktionen sind.
Eine Bezier-Fläche läßt sich also auch als Überlagerung von Bezier-Kurven in zwei Parameterrichtungen u und t betrachten. Somit lassen sich sämtliche Eigenschaften der Bezier-Kurven auf die Bezier-Flächen übertragen.

5.2.3 Beschreibung allgemeiner Flächen mit approximierenden und interpolierenden Basis-Splines

Analog zu Bezier-Flächen erhält man die approximierende B-Spline-Flächendarstellung, indem man das Prinzip der B-Spline Kurvenapproximation auf Flächen erweitert. Wiederum wird statt einer Folge von Stützpunkten zur Erzeugung einer B-Spline-Fläche eine Stützpunkt-Matrix benötigt. In bi-parametrischer Schreibweise wird dann eine approximierende B-Spline-Fläche definiert durch:

$$BZS(u,t) = \sum_{i=1}^{n} \sum_{j=1}^{m} p_{i,j} \cdot B_{i,k}(u) \cdot B_{j,l}(t)$$

wobei die $B_{i,k}(u)$ bzw. $B_{j,l}(t)$ ebenfalls identisch mit den bei den approximierenden B-Spline-Kurven beschriebenen Gewichtsfunktionen sind.
Analog dazu ergibt sich für die interpolierende B-Spline-Flächendarstellung in bi-parametrischer Schreibweise folgende Gleichung:

$$BSIF(u,t) = \sum_{i=1}^{n} \sum_{j=1}^{m} a_{i,j} \cdot B_{i,k}(u) \cdot B_{j,l}(t)$$

wobei die $a_{i,j}$ nicht den Lösungsvektor des unter B-Spline-Kurven beschriebenen Gleichungssystems darstellen, sondern eine entsprechende Lösungsmatrix.

Somit läßt sich also eine B-Spline-Fläche auch als Überlagerung
von B-Spline-Kurven in zwei Parameterrichtungen u und t betrachten, weshalb sämtliche Eigenschaften der B-Spline-Kurven für die
B-Spline-Flächen ebenfalls Gültigkeit besitzen. Bild 5.2.3.1
zeigt eine durch ihre Stützpunkte vorgegebene interpolierende
B-Spline-Fläche.

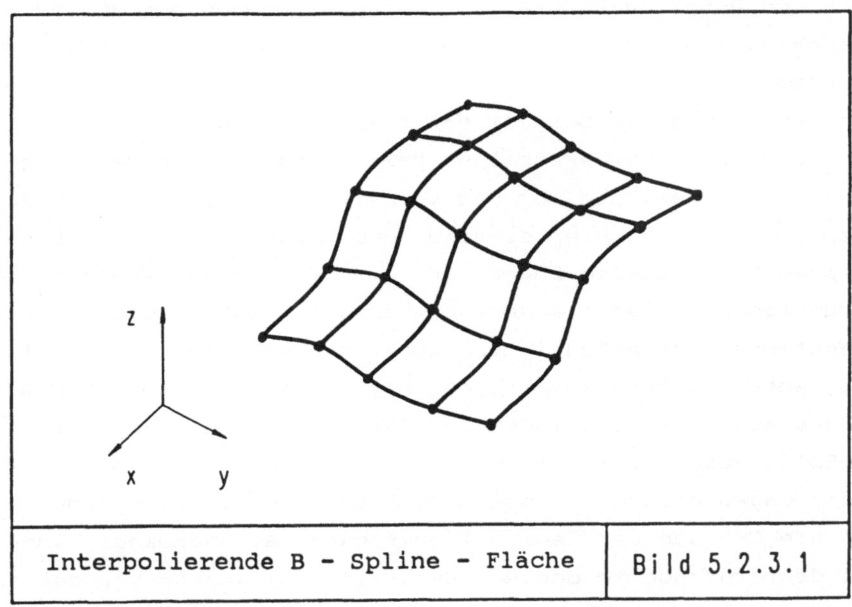

Interpolierende B - Spline - Fläche	Bild 5.2.3.1

5.2.4 Auswahl eines Beschreibungsverfahrens

In den vorherigen Kapiteln wurden die wesentlichen Charakteri-
stika und Unterschiede der wichtigsten Verfahren zur Beschreibung
von Freiformflachen diskutiert. Ein abschließender Vergleich der
Verfahren fuhrt zu folgenden Schlußfolgerungen:

Mit der Methode nach Coons bietet sich einem Benutzer die
Moglichkeit, uber die Randkurven analytische Flachen, wie zum
Beispiel Kugel- oder Paraboloidenflachen exakt darzustellen.
Durch das Arbeiten mit Tangenten und den sog. "Twist-Vektoren"

wird ihre Handhabung jedoch so schwierig, daß der Konstrukteur
sehr viel Zeit in Tätigkeiten investieren muß, die mit der
eigentlichen Tätigkeit des Konstruierens nichts zu tun haben.
Dieser große Nachteil wird von Bezier- und den beiden B-Spline-
Verfahren vermieden. Ein weiterer Nachteil des Coons-Verfahrens
ergibt sich aus der Tatsache, daß die Gestalt eines Patches
allein durch die Gestalt seiner Berandungen festliegt. Bei der
Bezier- und B-Spline-Darstellung hingegen stehen dem Benutzer
auch innerhalb der Flächenbegrenzung Stützpunkte zur Verfügung,
deren Lage er direkt beeinflussen kann, sodaß er also unabhängig
von der Berandung die Gestalt der Fläche ändern kann.
Bezier- und B-Spline-Darstellung beinhalten beide sogenannte
Gewichtsfunktionen, die für das Verhalten der Kurven und Flächen
verantwortlich sind. Hierbei sind jedoch die Bezier-Gewichts-
funktionen von globalem Charakter, d.h. die Lageänderung eines
Stützpunktes der Fläche ändert die gesamte Fläche, und der Grad
der Funktionen ist abhängig von der Zahl der vorgegebenen Stützpunkte, wobei zu berücksichtigen ist, daß mit steigendem Grad die
Schwingneigung der Funktionen und damit der Fläche zunimmt.
Die B-Spline-Gewichtsfunktionen besitzen einen lokalen Charakter,
d.h. die Lageänderung eines Stützpunktes ändert die Fläche nur
lokal. Die Ordnung der Gewichtsfunktionen ist unabhängig von der
Anzahl der Stützpunkte und vom Benutzer frei wählbar, sodaß
dieser die Schwingneigung der Fläche direkt beeinflussen kann.
Aus der Sicht des Konstrukteurs gesehen, ist es nicht erforderlich, daß das zur Verfügung stehende Verfahren zur Beschreibung von Freiformflachen in der Lage ist, eine vorgegebene Fläche
exakt nachzubilden (Coons). Vielmehr soll eine Fläche erzeugt
werden, die den Restriktionen und den Vorstellungen des Konstrukteurs entspricht. Dazu sind dem Konstrukteur im allgemeinen
bestimmte, die Flache beschreibende Daten bekannt. Dies können
die Berandung der Fläche bzw. Teile der Berandung, ebene
Schnitte, die Form der Fläche bzw. einzelne Flächenbereiche oder
die Lage der Fläche relativ zu einer anderen Fläche sein. Diese
Daten gehen als Ausgangswerte in die Gestaltung der Freiformfläche ein. Bei diesen Ausgangswerten wiederum kann es sich um
ganze Konturen oder einzelne Stützpunkte handeln. Für den Kon-

strukteur ist von großer Bedeutung, daß bei der Gestaltung von
Freiformflächen die vorgegebenen Flächenparameter eingehalten
werden. Dieses läßt sich jedoch nur mit einem interpolierenden
Verfahren, wie es das Coons- und das interpolierende B-Spline-
Verfahren repräsentieren, erreichen. Aufgrund der erwähnten
einfacheren Handhabung von B-Splines und somit auch B-Spline-
Flächen und der Möglichkeit, eine Fläche auch innerhalb ihrer
Berandung gezielt zu verändern, wurde zugunsten der interpolie-
renden B-Spline-Flächendarstellung entschieden.

5.3 Beschreibung technischer Gebilde als Volumenmodell

Das Volumenmodell beinhaltet die vollständige rechnerinterne Gestalt-Darstellung eines realen Bauteils. Zusätzlich zu den Informationen über die Gestalt der Oberflächen sowie die diese begrenzenden Konturelemente und Punkte ist hierbei bekannt, auf welcher
Seite einer Fläche sich Material befindet und auf welcher nicht.
Weiterhin ist die Art des Werkstoffes bekannt. Die vollständige
Gestalt eines Bauteils ergibt sich durch die Zuordnung der
begrenzenden Flächen zu dem Bauteil, die Zuordnung jedes
Konturelementes zu jeweils zwei Flächen und die Begrenzung der
einzelnen Konturelemente durch Punkte sowie durch die Richtung
des Normalenvektors jeder Fläche, die Auskunft über die Lage des
Materials gibt. Bild 5.3.1 veranschaulicht das Gesagte anhand
eines einfachen Quaders. Die Normalenvektoren der Flächen zeigen
immer vom Material weg.
Durch die Vollständigkeit der RGD können mit einem auf dem Volumenmodell basierenden CAD-System Gestaltungs- und Darstellungs-
operationen automatisch durchgeführt werden. Derartige Operationen konnen sein:

- Ermittlung von Schnitten
- Sichtbarkeitsklärung
- Berechnung von Volumen, Schwerpunkt, Massen-
  trägheitsmoment, Widerstandsmoment

- Kollisionsprüfung

- Bohrungen, Verrundungen

- etc.

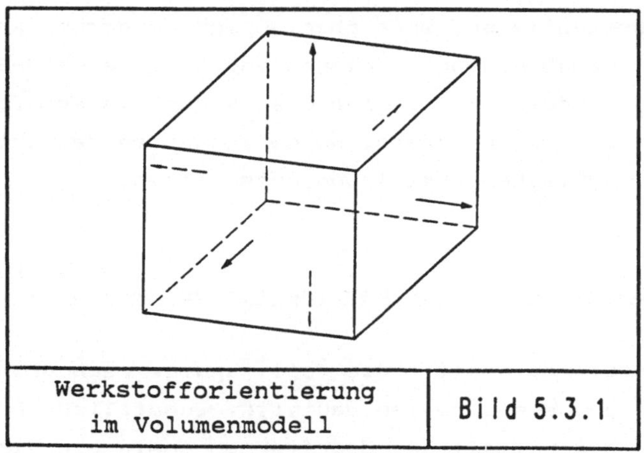

| Werkstofforientierung im Volumenmodell | Bild 5.3.1 |

Die dem Konstrukteur zur Verfügung gestellten Gestaltelemente
sind sog. Grundkörper (Quader, Zylinder, Kegel, usw.) unterschiedlicher Komplexität. die ihrerseits allseits von Teiloberflächen begrenzte reale technische Gebilde darstellen.
Lage, Zahl, Form, Reihenfolge und Verbindungsstruktur der Gestaltelemente jedes dieser Grundkörper liegen hierbei fest, sodaß
vom Konstrukteur nur die von Fall zu Fall unterschiedlichen
charakteristischen Abmessungen (z.B. Quader: 3 Kantenlängen)
anzugeben sind. Da die Gestalt eines Bauteils nur in Ausnahmefäl-
len durch die Gestalt eines einzelnen Grundkörpers vollständig
beschrieben werden kann, muß weiterhin die Möglichkeit gegeben
sein, diese Grundkörper beliebig zueinander zu positionieren und
durch Verknüpfung mehrerer Grundkörper schließlich die gewünschte
Bauteilgestalt zu synthetisieren. Zur Veranschaulichung der Arbeitsweise soll das bereits in Kap. 5.2 in Bild 5.2.1 dargestellte Beispiel (Erzeugung einer Bohrung) mit einem Volumenmodell
demonstriert werden.

Folgende Schritte sind hierbei nacheinander durchzuführen (Bild 5.3.2):

1. Erzeugen eines Grundkörpers "Zylinder" Z an der
   Stelle M mit dem Durchmesser D
2. Subtraktion des Zylinders Z vom Bauteil B

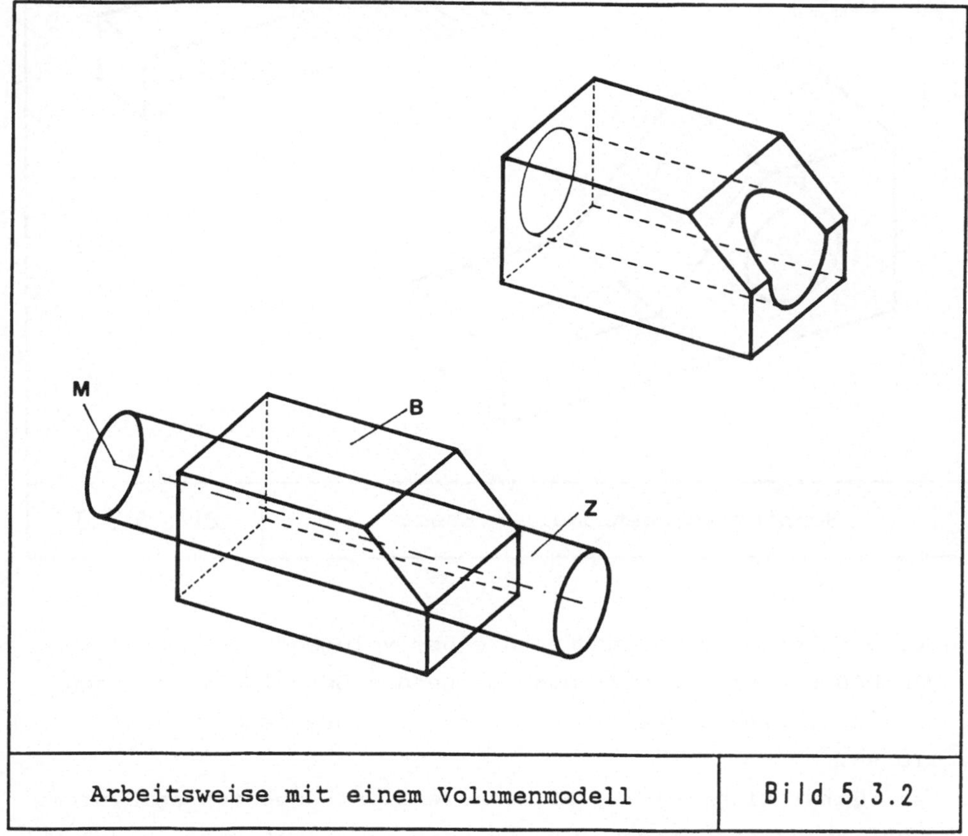

| Arbeitsweise mit einem Volumenmodell | Bild 5.3.2 |

Durch die Vollständigkeit der RGD konnen alle notigen Anderungen der Flächen- und Konturbegrenzungen vom System automatisch durchgefuhrt werden. Vollzieht man den bereits in Kap. 5.1 und 5.2 dargestellten Schnitt des Bauteils mit einer imaginaren Ebene, so kann vollautomatisch die Schnittflache ermittelt und schraffiert werden (Bild 5.3.3).

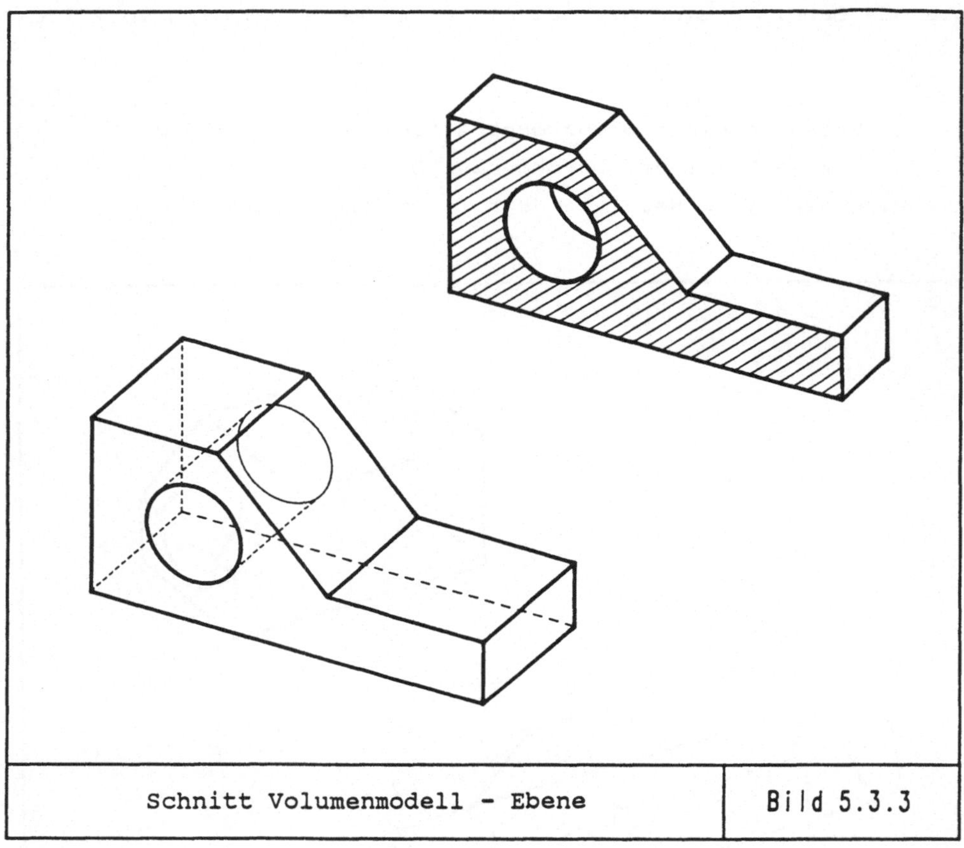

Schnitt Volumenmodell - Ebene | Bild 5.3.3

Wie bereits erwahnt, sind die in einem volumenorientiert arbeitenden CAD-System zur Verfugung stehenden Gestaltelemente sog.
Grundkörper, die von Fall zu Fall nur in ihren Abmessungen
variieren.
Vor der Entwicklung eines volumenorientiert arbeitenden Systems
muß nun festgelegt werden, welche Körperinformationen in der RGD
gespeichert werden mussen.
Untersucht man bekannte volumenorientiert arbeitende 3D-CAD-
Systeme, so findet man unterschiedliche RGD's, die jeweils
verschiedene Vor- und Nachteile beinhalten und im folgenden
erläutert werden sollen.

5.3.1 Beschreibung technischer Gebilde durch ihre Teiloberflächen
mit dem Flächenbegrenzungsmodell

In einem sog. Flächenbegrenzungsmodell wird ein Bauteil als
Körper durch seine begrenzenden Flächen, die Flächen durch ihre
Form und durch ihre begrenzenden Konturelemente sowie die Konturelemente durch ihre Form und durch ihre begrenzenden Punkte
eindeutig beschrieben.
Die Lage des Werkstoffs geht hierbei aus der definierten Richtung
des Normalenvektors einer Fläche hervor (z.B. Normalenvektor
zeigt immer vom Material weg). Wird ein Grundkörper mit festge-
legter Gestaltstruktur nach Eingabe der Abmessungen durch den
Konstrukteur generiert, so werden alle Flächen, Konturelemente
und Punkte mit den entsprechenden Abmessungen berechnet, in die
RGD eingefügt und einander zugeordnet. Bezogen auf die in Kap.3
analysierte Gestalt von Bauteilen gewährleistet dieses Modell
also eine exakte Wiedergabe dieser Gestalt. Die Information, um
welche Art von Grundkörper (Quader, Zylinder, usw.) es sich
handelt, ist nach der Generierung dem System nicht mehr bekannt.
Je nach Art des gewählten Grundkörpers kann die Form der begrenzenden Oberflächen eben, einfach gekrümmt oder mehrfach gekrümmt
sein. Verknüpft man mehrere Grundkörper miteinander, so müssen
zwischen den sich schneidenden Oberflächen Schnittkurven ermittelt werden. Ohne den Ausführungen in Kap.7 vorgreifen zu wollen,
kann an dieser Stelle erwähnt werden, daß bei der Ermittlung
dieser Schnittkurven zwischen einfach und mehrfach gekrümmten
Oberflächen numerische Schwierigkeiten auftreten können. Um
diesen Schwierigkeiten aus dem Weg zu gehen, sind viele der zur
Zeit bekannten Systeme den Weg gegangen, gekrümmte Flächen durch
ein Netzwerk ebener Flächen (=Facetten) zu approximieren, weshalb
die RGD dieser Systeme auch Facetten- oder Polyedermodell genannt
wird. Hiermit erreicht man, daß als Schnittoperation nur die
mathematisch leicht beherrschbare Ermittlung der Schnittgeraden
zweier Ebenen benötigt wird. Da die Anzahl der eine gekrümmte
Fläche approximierenden Facetten im Hinblick auf die Datenmenge
und das Laufzeitverhalten begrenzt sein muß, ist auch die
Genauigkeit der RGD und damit die Genauigkeit der mit dem System

berechenbaren Daten begrenzt. Während bei einer analytisch exakten RGD als Schnittkurve eine stetige Kurve berechnet werden
kann, ergibt sich in einem Facettenmodell ein Polygonzug, dessen
Gestalt mit der Gestalt der tatsächlichen Kurve nichts mehr
gemeinsam hat. Diese unterschiedlichen Eigenschaften demonstriert
Bild 5.3.1.1 am Beispiel der Verknüpfung Kugeln, deren Schnittkurve ein exakter Kreis ist.

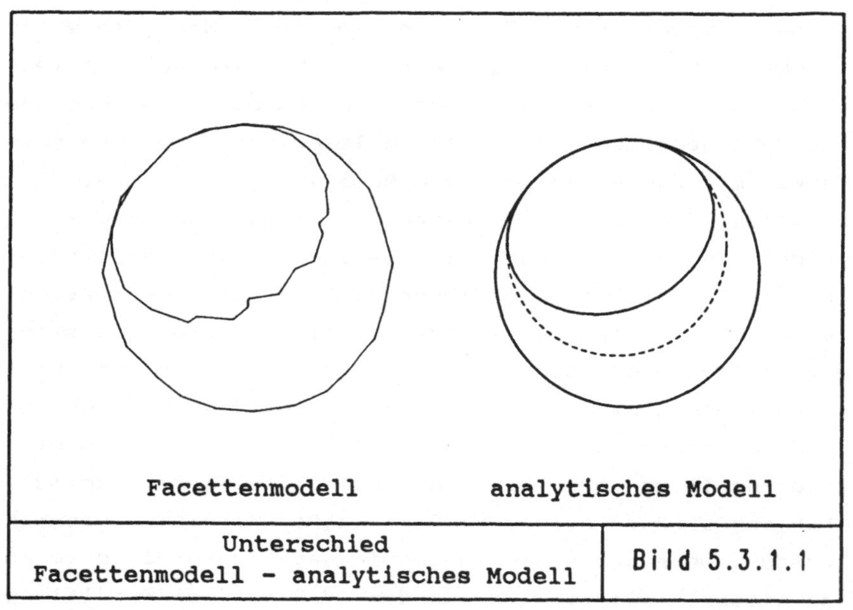

Da die Oberflächen eines solchen Flächenbegrenzungsmodells
theoretisch eine beliebige Form haben können, können mit diesem
Modell auch beliebig geformte Bauteile dargestellt werden.
Sind in einem solchen Modell mehrere generierte Grundkörper miteinander verknüpft worden, so ist im nachhinein jedoch nicht mehr
erkennbar, aus welchen Grundkörpern das Bauteil zusammengesetzt
wurde. Aus diesem Grund ist es schwierig, nach der Generierung
und Verknüpfung eines Grundkörpers dessen charakteristische
Abmessungen (z.B. Kantenlängen eines Quaders) noch zu ändern, was
die sowieso schon recht umständliche Handhabung durch das Arbei-

ten mit Körpern ("Klötzchen-Methode") weiter erschwert.
Um diesen Mangel zu beseitigen, wurde eine andere Art der RGD
entwickelt, die unter dem Namen "Grundkörpermodell", im eng-
lischen "Constructive Solid Geometry- = CSG-Modell" genannt,
bekannt geworden ist.

5.3.2 Beschreibung technischer Gebilde mittels analytisch beschreibbarer Grundkörper

In einem auf der Basis eines Grundkörpermodells arbeitenden
CAD-System ergibt sich die gesamte Gestalt eines technischen
Gebildes nicht mehr, wie beim Flächenbegrenzungsmodell, durch die
Zuordnung seiner begrenzenden Flächen zueinander, sondern diese
Gestalt wird nur noch als Verknüpfung einfacher, analytisch beschreibbarer Grundkörper (Quader, Zylinder, usw.) in der RGD
gespeichert. In dieser RGD existieren also explizit keine
Flächen, Konturen und Punkte, sondern einzig die Grundkörper mit
ihren speziellen Abmessungen und die Information, wie sie
miteinander verknüpft sind. Implizit sind zwar Flächen, Konturelemente und Punkte vorhanden. Sie sind jedoch nicht einzeln
verfügbar, sondern werden nur zur Darstellung berechnet. Alle
technischen Gebilde, deren Gestalt nicht über die Verknüpfung von
Grundkörpern erzeugbar ist bzw. deren Oberfläche aus analytisch
nicht beschreibbaren Teiloberflächen besteht, können mit einem
solchen Modell nicht erzeugt werden. Vorteilhaft ist die
Tatsache, daß dem System jederzeit bekannt ist, aus welchen
Grundkörpern ein erzeugtes technisches Gebilde zusammengesetzt
ist. Sollen z.B. von einem auf diese Weise konstruierten Bauteil
Maßvarianten erstellt werden, so genügt es, die jeweiligen
Abmessungen der Grundkörper zu ändern. Die Maßvarianten ergeben
sich dann, quasi von selbst, durch eine neue Verknüpfung aller
Grundkörper. Diese Abmessungsänderung realisiert jedoch noch
keinen echten Abmessungswechsel. Vielmehr handelt es sich hierbei
um eine rein geometrische Operation, bei der funktionale
Zusammenhänge (z.B. Wirkflächen) nicht berucksichtigt werden.

Werden beispielsweise die Abmessungen eines Quaders verändert, so
wählt das System die Richtung dieser Maßänderung willkürlich.

5.4 Auswahl eines Bauteil-Beschreibungsverfahrens

Vergleicht man die Eigenschaften der in dem letzten Kapitel erläuterten Volumenmodelle, so lassen sich folgende Feststellungen
treffen:

- Nur das Flächenbegrenzungsmodell bietet die Möglichkeit,
  technische Gebilde beliebiger Gestalt in der RGD zu
  speichern.

- Für die Erzeugung von Maßvarianten technischer Gebilde,
  die sich aus analytischen Grundkörpern zusammensetzen
  lassen, was nach /18/ im Maschinenbau in 80% aller
  Falle moglich ist, eignet sich besonders das Grundkörpermodell.

- Durch die Approximierung von einfach oder mehrfach gekrümmten Flachen durch Facetten werden die Ungenauigkei-
  ten so groß, daß trotz des erheblich höheren Programm-
  mieraufwands in einem universell anwendbaren CAD-System
  auf die Beibehaltung der analytisch exakten Beschreibung
  nicht verzichtet werden kann.

Wie diese Ausführungen zeigen, ist keine der vorgenannten
Beschreibungsverfahren geeignet, alle in der Praxis vorkommenden
(Teil-)Oberflachenformen von Bauteilen exakt zu beschreiben. Da
das Ziel dieser Arbeit die Schaffung eines universellen 3D-CAD-
Systems ist, kann als optimales Volumenmodell für ein solches
System folglich nur eine Kombination des exakten Flächenbegrenzungsmodells mit dem Grundkörpermodell gelten. Diese Art der RGD
laßt sich auch als Hybridmodell bezeichnen. Die gesamte Geometrie
des Grundkorpermodells muß hierbei im Flächenbegrenzungsmodell
ebenfalls vorliegen.

<u>Resümee:</u> Alle in den vorherigen Kapiteln erläuterten RGD's zur
Gestaltung und Darstellung dreidimensionaler technischer Gebilde
erfüllen einige Punkte der Aufgabenstellung und einige nicht.
Keines der Modelle erfüllt alle Aufgabenpunkte. Es ist jedoch zu
erkennen, daß eine Kombination der drei Modelle Volumenmodell als
Hybridmodell, Flächenmodell und Kantenmodell in der Summe ihrer
Eigenschaften alle Punkte der Aufgabenstellung erfüllt.

Aus diesem Grund wurde für das Programmsystem RUKON ein
Beschreibungsverfahren entwickelt, das alle o.g.
Beschreibungsarten kennt und das jeweils günstigste einsetzt.
Dies führt dazu, daß komplexe Bauteile teils mittels Verfahren a
(=Kantenmodell), b (=Flächenmodell) und c (=Volumenmodell)
beschrieben werden können.
Die auf diese Weise geschaffene rechnerinterne Gestaltdarstellung
soll im folgenden als "Kombinationsmodell" bezeichnet werden.

6. Speicherung der rechnerinternen Gestalt-Darstellung

Bevor die Entwicklung der Algorithmen für ein CAD-System beginnen
kann, muß geklärt werden, auf welche Art und Weise die RGD im
Rechner gespeichert wird. Die hierzu verwendete Datenstruktur muß
in der Lage sein, alle Gestaltdaten exakt zu erfassen sowie
Zusatzinformationen wie Oberflächengüte, Werkstoff oder Ferti-
gungsverfahren einschließlich der erforderlichen Relationen zu
den entsprechenden Gestaltelementen zu speichern.
Vergleicht man die aus der Literatur bekannten Datenstrukturen
mit der Gestaltstruktur technischer Gebilde, stellt man fest, daß
die ASP-Struktur (ASP = Associative Structure Package) diese
nahezu exakt widerspiegelt. Da der genaue Aufbau sowie die
Eigenschaften der ASP-Struktur von /6,19/ ausführlich erläutert
wurden, sollen an dieser Stelle nur ihre Möglichkeiten und die im
Zusammenhang mit dieser Struktur verwendete Terminologie kurz
dargestellt werden:

- Alle Gestaltelemente technischer Gebilde (Punkt, Kontur,
  Fläche, Bauteil, Baugruppe, usw.), die jeweils eine
  Hierarchieebene repräsentieren, sind in der ASP-Struktur
  auf unterschiedlichen Speicherungsebenen, in der übli-
  chen Terminologie auch Elementringe genannt, angeordnet.

- Es können zusätzliche Elementringe eingefuhrt werden,
  die die eigentliche Gestaltstruktur technischer Gebilde
  nicht betreffen, sondern zur Speicherung von Zusatzinformationen (Bemaßung, Oberfläche, usw.) genutzt werden.

- Es sind Relationen, auch Kettungen genannt, zwischen
  beliebigen Gestaltelementen bzw. Gestaltelementen und
  Zusatzinformationen möglich. So kann z. B. jeder Fläche
  eine eigene Oberflächengüte als Zusatzinformation
  "mitgegeben" werden. Eine Relation zwischen 2 Gestaltelementen wird in der ASP-Struktur immer über einen sog.
  Kettungsringkopf und einen sog. Assoziator realisiert.
  Der Kettungsringkopf kennzeichnet hierbei den Beginn

eines "Ringes", an den über Assoziatoren beliebige Gestaltelemente gekettet werden.

Aufbauend auf diesen Erkenntnissen kann nun schrittweise eine
Methode entwickelt werden, das in Kap.5 als optimale RGD ermit-
telte Kombinationsmodell mit Hilfe der ASP-Struktur im Rechner zu
speichern. Hierbei ist festzustellen, daß das Volumenmodell infolge seiner Eindeutigkeit die höchsten Ansprüche an die Speicherungsstruktur stellt. Das im Kombinationsmodell verwendete Volumenmodell wiederum ist eine Verbindung des Flächenbegrenzungsmodells mit analytisch beschreibbaren Grundkörpern, für die
jeweils unterschiedliche Gestaltdaten gespeichert werden mussen.
Weiterhin ist leicht einsichtig, daß, unabhängig von dem jeweiligen Modell, die Art der Speicherung der Gestaltelemente hoher
Komplexität (Baugruppen, Maschinen, usw.) fur alle Modelle gleich
sein kann, da die Unterschiede der erläuterten Modelle lediglich
in der Erfassung der Gestaltelemente von Bauteilen zu finden
sind. Es genugt also, mit Hilfe der in der ASP-Struktur speicher-
baren Relationen die jeweiligen Gestaltelemente einander zuzu-
ordnen.
Die in den nachfolgenden Bildern mit ASP-Strukturen verwendeten
Abkurzungen bedeuten:

    - BT   = Bauteil
    - TK   = Teil- oder Grundkorper
    - K1, K2, K3, usw. = Konturelemente
    - F1, F2, F3, usw. = Flächen
    - P1, P2, P3, usw. = Punkte

6.1 Speicherung des Flachenbegrenzungsmodells

Das Flachenbegrenzungsmodell stellt die exakte Realisierung der
Gestalt technischer Gebilde dar. Es beinhaltet alle Gestalt-
elemente und ihre Relationen und Abhangigkeiten untereinander.
Zur Speicherung dieses Modells mussen in der ASP-Struktur also

die Elementringe für Flächen, Konturelemente und Punkte vor-
liegen. Weiterhin muß über Relationen eindeutig sein, welcher
Punkt zu welchen Konturelementen, welches Konturelement zu
welchen Flächen und welche Flächen zu welchem Bauteil gehören.
Folgende Daten sind im einzelnen notwendig, um die Gestalt eines
Bauteils zu beschreiben:

- Form der Teiloberflächen: Bei jeder Teiloberfläche muß bekannt
  sein, ob es sich hierbei um eine eben-, zylinder-, kegel-,
  kugel-, torusförmige oder analytisch nicht beschreibbare
  Fläche handelt.
- Abmessungen der Flachen: Die Abmessungen – oder mathematisch
  ausgedrückt Definitionsbereiche – werden durch die
  Konturelemente und Punkte festgelegt, die diese beranden.
  Jedes dieser Konturelemente stellt gleichzeitig die Verbindung
  einer Teiloberfläche zu einer anderen dar.
- Lage der Flächen: Die Lage der Flächen im Raum muß bezüglich
  eines absoluten oder relativen Koordinatensystems eindeutig
  festliegen.
- Lage des Werkstoffs: Zu jeder Teiloberfläche muß bekannt sein,
  auf welcher Seite sich Material befindet und auf welcher
  nicht. Dies läßt sich am einfachsten realisieren, indem man
  die Richtung des Normalenvektors jeder Fläche als einen Vektor
  interpretiert, der in Richtung des Materials (nach "innen")
  oder von diesem weg (nach "außen") zeigt. In RUKON zeigt der
  Normalenvektor jeder Teiloberfläche eines Bauteils stets vom
  Material weg.

Bild 6.1.1 zeigt eine mögliche Methode, technische Gebilde als
Flächenbegrenzungsmodell mit Hilfe der ASP-Struktur zu speichern.
Form, Lage und Richtung der Normalenvektoren der einzelnen Teiloberflächen werden hierbei in sog. Elementdatensätzen gespeichert, die deshalb auch Flachen-Datensätze genannt werden. So
besitzt beispielsweise der Flächen-Datensatz einer Ebene folgendes Aussehen:

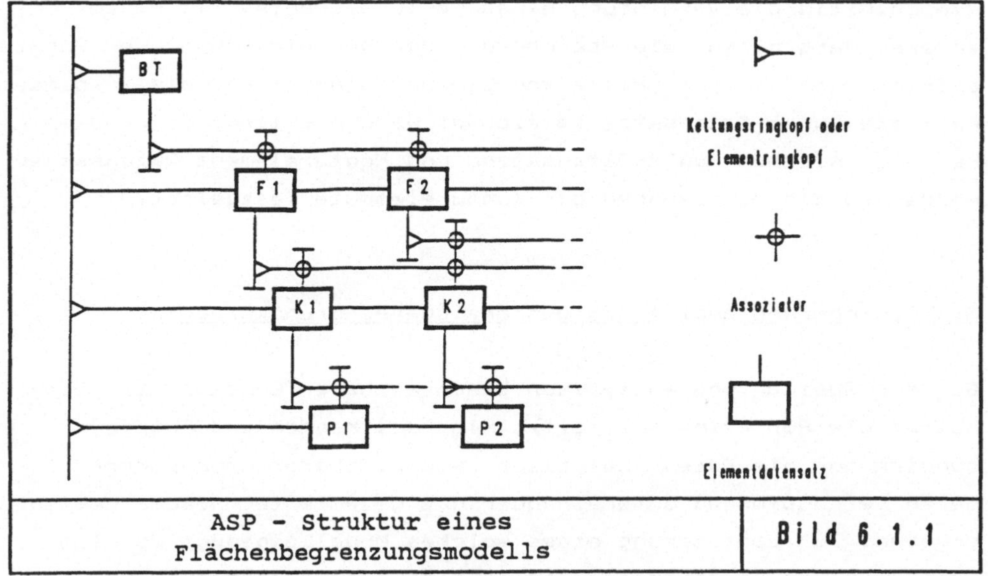

ASP - Struktur eines Flächenbegrenzungsmodells	Bild 6.1.1

1. Kennwort für die Form der Fläche
2. Normalenvektor der Ebene (=Einheitsvektor, der vom Material wegzeigt)
3. Koordinaten eines Punktes der Ebene, der die Lage der Ebene bezüglich eines absoluten Koordinatensystems festlegt

Die Abmessungen der einzelnen Teiloberflächen ergeben sich durch die Zuordnung der berandenden Konturelemente zu den jeweiligen Teiloberflachen. Zur Speicherung dieser Konturelemente, die wie die Flächen in Form, Lage und Abmessungen festliegen müssen, dienen ebenfalls Elementdatensätze, die deshalb auch Konturelement-Datensätze genannt werden. Die Zuordnung von Konturelementen zu Teiloberflächen läßt sich in der ASP-Struktur durch die Kettung der Konturelement-Datensätze an die Flächen-Datensätze realisieren. Wie bei den Flächen werden Form und Lage der Konturelemente in den Konturelement-Datensätzen gespeichert. Ihre Abmessungen werden durch ihre begrenzenden Punkte festgelegt, die

gleichzeitig die Verbindung eines Konturelementes mit einem
anderen darstellen. Die Speicherung der Koordinaten dieser Punkte
erfolgt ebenfalls mit Hilfe von Elementdatensätzen, die in diesem
Fall als Punkt-Datensätze bezeichnet werden sollen. Durch die
Kettung zwischen Punkt-Datensätzen und Konturelement-Datensätzen
werden so die Abmessungen der Konturelemente festgelegt.

6.2 Speicherung analytisch beschreibbarer Grundkörper

Bei der Speicherung analytisch beschreibbarer Grundkörper beinhaltet die RGD keine expliziten Flächen, Kanten und Punkte,
sondern nur die Daten analytisch beschreibbarer Grundkörper,
deren Verknupfungen untereinander das gesamte technische Gebilde
ergeben. Zur Speicherung eines solchen Modells genügt es also
vollig, einen Elementdatensatz in die Speicherungsstruktur einzu-
fügen, der alle Informationen über die Art des Grundkörpers,
seine Lage im Raum, seine jeweiligen Abmessungen sowie die Art
seiner Verknüpfung (subtraktiv, additiv) beinhaltet. Dieser
Datensatz wird mit Grundkörper-Datensatz bezeichnet. Das gewählte
Kombinationsmodell ist jedoch nur dann sinnvoll, wenn es möglich
ist, volumenorientierte technische Gebilde aus Flächenbegren-
zungs- und Grundkörpermodell zusammenzusetzen. Da einerseits die
Gestaltelemente des Flächenbegrenzungsmodells in einem Grundkorpermodell nicht vorkommen, andererseits die Ermittlung analytischer Grundkorper aus einem als Flächenbegrenzungsmodell beschriebenen Bauteil nicht moglich ist, muß das Grundkorpermodell
um die Gestaltelemente Fläche, Konturelement und Punkt erweitert
werden. Das bedeutet, daß das System bei der Generierung
einzelner Grundkorper selbständig das entsprechende
Flächenbegrenzungsmodell dieses Grundkörpers zusätzlich
generieren muß. Bild 6.2.1 zeigt den möglichen Aufbau eines um
die Daten des Flächenbegrenzungsmodells erweiterten Grundkörpermodells.

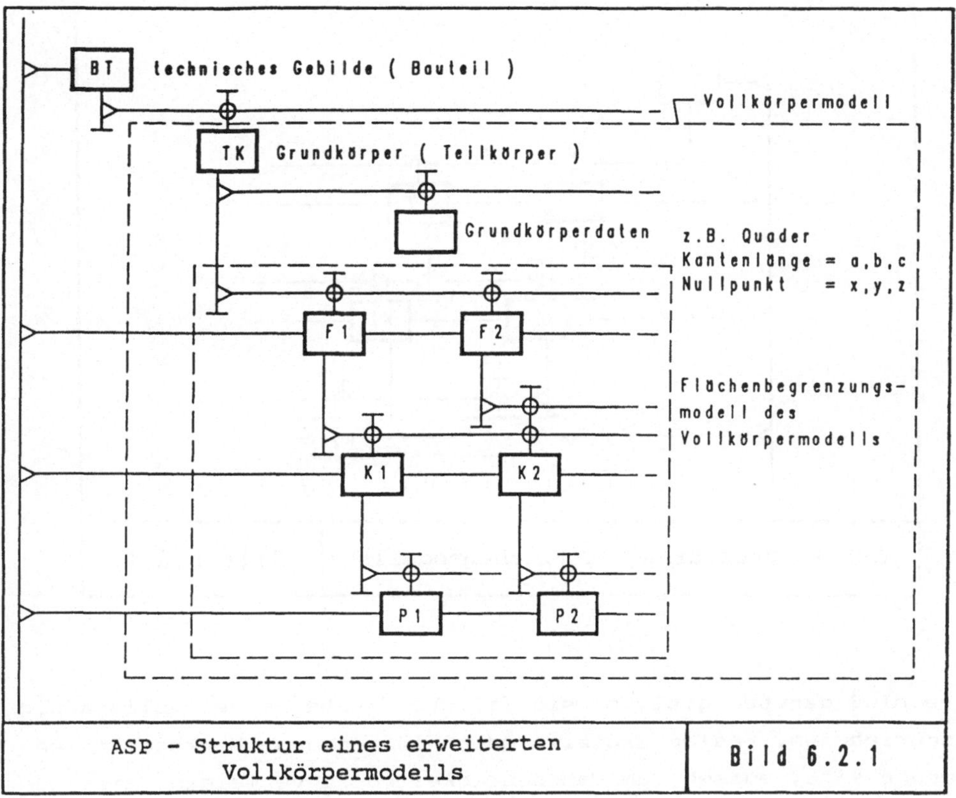

ASP - Struktur eines erweiterten Vollkörpermodells	Bild 6.2.1

6.3 Speicherung des Flächenmodells

Das Flächenmodell unterscheidet sich nicht wesentlich vom Flächenbegrenzungsmodell, weil es prinzipiell die gleichen Gestaltelemente beinhaltet. Aus diesem Grund bietet die in Bild 6.3.1 dargestellten Speicherungsstruktur eines Flächenmodells zunächst das gleiche Aussehen wie die des Flachenbegrenzungsmodells.
Im Gegensatz zu diesem beinhaltet es jedoch nicht unbedingt die vollständige RGD eines technischen Gebildes. So konnen z.B. einzelne Flächen fehlen bzw. zwischen den einzelnen Flächen keine Verbindungen bestehen. Da die Gestalt der Flachen jedoch keinen

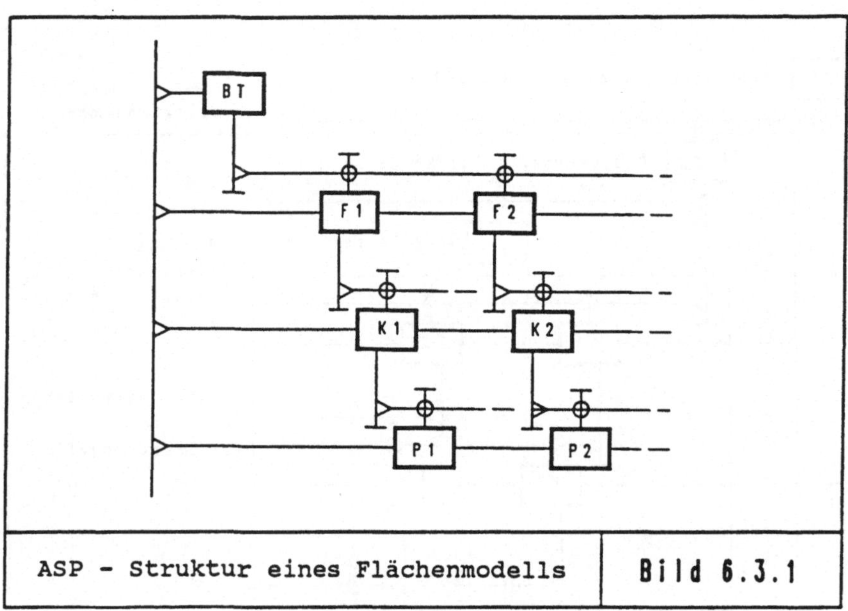

| ASP - Struktur eines Flächenmodells | Bild 6.3.1 |

Aufschluß darüber gibt, ob sie Teiloberflächen eines vollständig beschriebenen, realen Bauteils oder Flächen ohne Werkstofforientierung sind, mussen, um Mehrdeutigkeiten zu vermeiden, die Gestaltdaten des Flächenmodells von den Gestaltdaten des Volumenmodells in der Speicherungsstruktur voneinander getrennt werden.

6.4 Speicherung des Kantenmodells

Dieses Modell repräsentiert den geringsten Informationsgehalt
aller Modelle und stellt somit die geringsten Ansprüche an die
Speicherungsstruktur. Seine Gestaltelemente sind Konturelemente
und Punkte, woraus sich in der ASP-Struktur die in Bild 6.4.1
dargestellte Speicherungsstruktur ergibt.

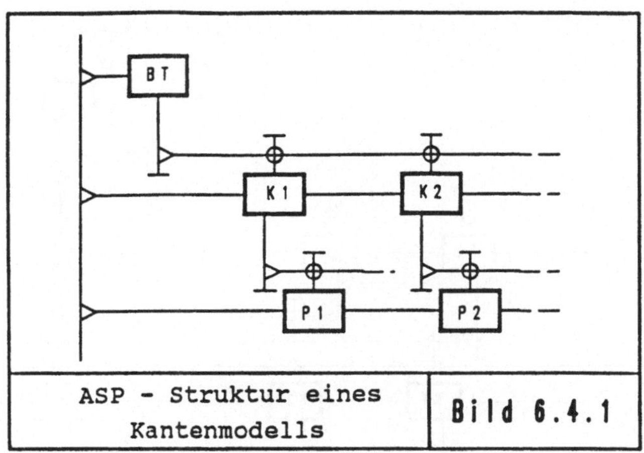

ASP - Struktur eines Kantenmodells	Bild 6.4.1

Da die Konturelemente und Punkte sich von denen der anderen
Modelle hinsichtlich ihrer Gestalt nicht unterscheiden, muß auch
hier eine strikte Trennung der Gestaltdaten des Kantenmodells von
denen der anderen Modelle gewährleistet sein, um Mehrdeutigkeiten
zu vermeiden.

6.5 Speicherung des Kombinationsmodells

Wie bereits erwähnt, kann die Speicherung von technischen Gebilden höherer Komplexität als Bauteile sowie ihre Relationen untereinander für alle Modelle in gleicher Weise erfolgen, weshalb an
dieser Stelle darauf nicht weiter eingegangen werden soll. Anders
verhält es sich mit den unterschiedlichen Modellen, mit denen die
Gestalt eines Bauteils dreidimensional darstellbar ist. Bei die-

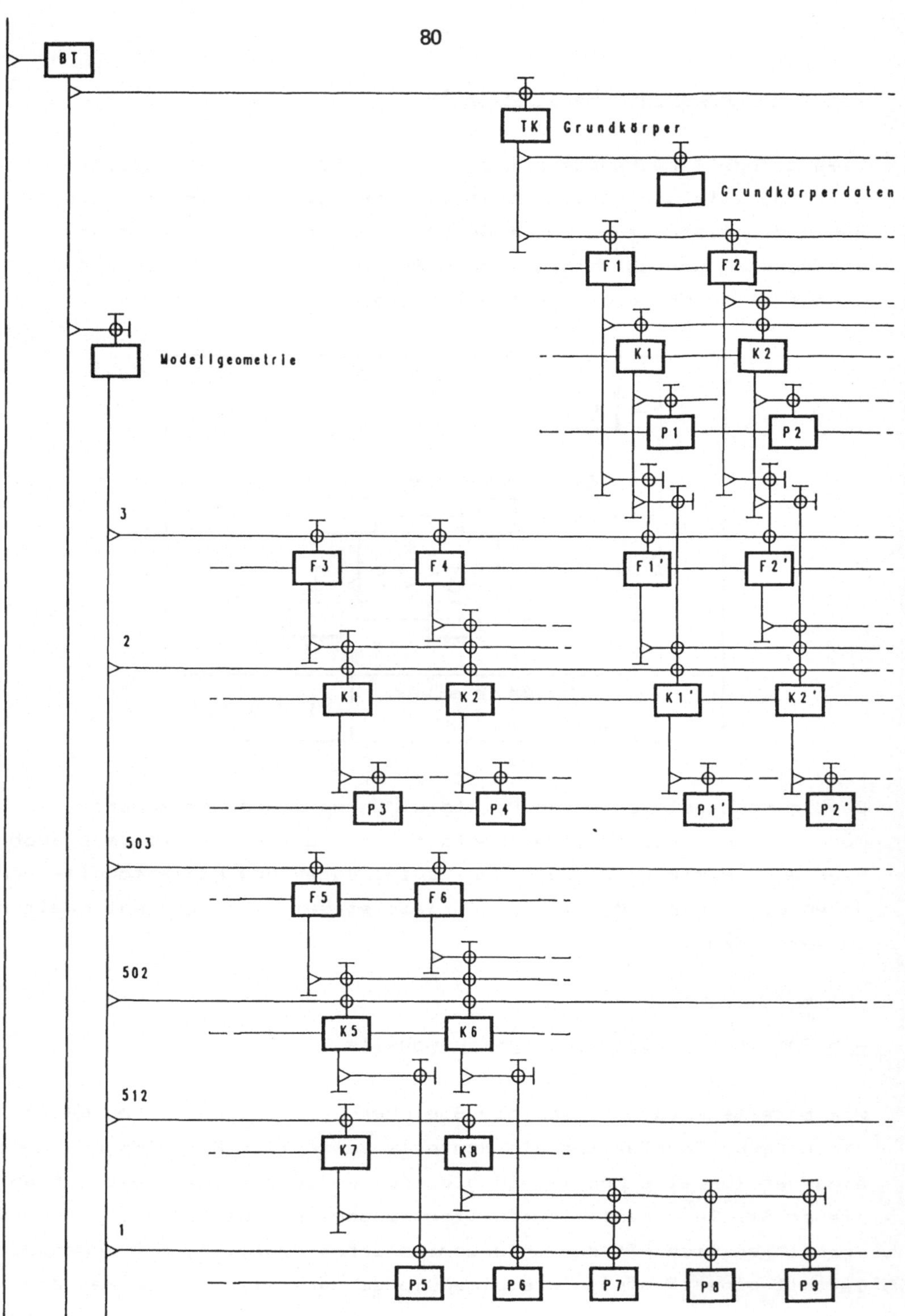

ASP-Struktur des Kombinationsmodells   Bild 6.5.1

sen ist es erforderlich, eine strikte Trennung aller Modelle zu
gewährleisten, da Gestaltelemente aller Modelle, gemäß den Anforderungen, gleichzeitig existieren können. In der ASP-Struktur
läßt sich dies erreichen, indem man, abweichend von der realen
Gestaltstruktur von Bauteilen, diesen für jedes Modell eigene
Kettungsringköpfe und Assoziatoren zuordnet. Die in Bild 6.5.1
dargestellte Speicherungsstruktur des Kombinationsmodells soll
dies verdeutlichen. Hierbei werden über die Kettungsringköpfe 2
und 3 die Relationen des Bauteils zu den Teiloberflächen und
Konturelementen des Volumenmodells hergestellt, über die Ket-
tungsringköpfe 503 und 502 die Relationen zu den Flächen und
Konturelementen des Flächenmodells und über die Kettungsringköpfe
512 und 1 die Relationen zu den Konturelementen und Punkten des
Kantenmodells. Die Zahlen sind hierbei willkürlich gewählt.
Auf diese Weise können alle Gestaltelemente der unterschiedlichen
Modelle eines Bauteils gleichzeitig vorhanden sein, ohne unter-
einander direkt in Verbindung zu stehen, wodurch die erwähnten
Mehrdeutigkeiten ausgeschlossen werden können. Da die
ASP Struktur dieser RGD sehr komplex ist, wurde aus Gründen der
Übersichtlichkeit auf eine Darstellung der Elementringe verzich-
tet.
Hiermit wird es möglich, Bauteile teils durch die Eingabe von
Grundkörpern, teils durch die Konstruktion einzelner Teilober-
flächen und teils durch die Konstruktion einzelner Konturelemente
(=Kanten) zu gestalten und darzustellen, wobei der Konstrukteur
bestimmt, ob die RGD redundante Daten enthält oder nicht.

7. Generierung technischer Gebilde

In den vorherigen Kapiteln wurde eine rechnerinterne Gestalt-Darstellung entwickelt, die der gestellten Anforderung "Beschreibung beliebig gestalteter technischer Gebilde" an Informationsgehalt und geometrischen Fähigkeiten gerecht wird. Diese RGD wurde Kombinationsmodell genannt und beinhaltet die Modelle:

- Flächenbegrenzungsmodell
- Vollkörpermodell
- Flächenmodell
- Kantenmodell

Im folgenden soll stellvertretend für die Begriffe "Flächenbegrenzungsmodell" und "Vollkörpermodell" der Einfachheit halber der Begriff "Volumenmodell" verwendet werden, ds sie beide eine spezielle Art eines Volumenmodells repräsentieren.
In den nächsten Kapiteln werden nun Möglichkeiten angeführt, mit denen die für die jeweilige RGD benötigten Geometrieelemente generiert werden können. Dabei wird vorausgesetzt, daß das zugrundeliegende Koordinatensystem immer ein kartesisches Koordinatensystem ist. Auf eine Diskussion der überhaupt möglichen Koordinatensysteme soll wegen der reichlich vorhandenen Literatur an dieser Stelle verzichtet werden. Weiterhin wird bei der Auswahl der Generierungsmöglichkeiten stets die Besonderheit des verwendeten Kombinationsmodells mitberücksichtigt, daß die Daten jedes Modells, d.h. deren Gestaltelemente, zur Erzeugung von Gestaltelementen eines anderen Modells genutzt werden konnen.

7.1 Generierung von Körpern

Wie bereits erwähnt, stellen Volumenmodelle die vollständige Beschreibungsmethode dar, technische Gebilde rechnerintern zu beschreiben. Aus diesem Grund werden bereits seit längerer Zeit Systeme entwickelt, die auf solchen Modellen basieren. Zu Beginn

dieser Entwicklungen war man der Meinung, mit der Einführung
dieses neuen Hilfsmittels dem Konstrukteur auch eine neue Art der
Gestalteingabe zumuten zu können, weshalb mit solchen Systemen
technische Gebilde nur durch die Eingabe und Verknüpfung sog.
Grundkörper generiert werden können /20,21,22/. Anwendbar ist
diese Methode jedoch nur, wenn es sich um relativ einfache Gebilde handelt, oder wenn die Gestalt des technischen Gebildes bereits weitgehend bekannt ist. Um diesen Mißstand zu beseitigen,
wurden daraufhin Programmodule entwickelt, die es gestatten, mit
der dem Konstrukteur vertrauten Arbeitstechnik des Konstruierens
in zweidimensionalen Ansichten und Schnitten technische Gebilde
zu konstruieren und im nachhinein durch spezielle Programme
automatisch in ein Volumenmodell überführen zu lassen /23,24/.
Hiermit wird erst die Gestaltsynthese neu zu entwickelnder
technischer Gebilde unbekannter Gestalt mit Hilfe von CAD-
Systemen ermöglicht. Nachteilig an dieser Art der Gestalteingabe
volumenorientierter technischer Gebilde ist jedoch die Tatsache,
daß infolge des sehr hohen Automatisierungsgrades die Form der
Oberflächen begrenzt ist auf eben-, zylinder-, kegel-, kugel- und
bzw. oder torusförmige Teiloberflächen.
Aus der Erkenntnis, daß ein Konstrukteur in Flächen "denkt" und
die Gestalt eines technischen Gebildes durch die Konstruktion
einzelner Teiloberflächen Schritt für Schritt synthetisiert,
erhebt sich die Forderung an ein universelles 3D-CAD-System, daß
ein Volumenmodell eines technischen Gebildes nach und nach durch
die Gestaltung einzelner Teiloberflächen generierbar sein muß. In
RUKON-3D wurden deshalb folgende Verfahren implementiert:

- Eingabe von technischen Gebilden als Volumenmodell
  durch die Eingabe, Positionierung und Verknüpfung
  von Grundkörpern

- Teilautomatische Erzeugung eines Volumenmodells durch
  die Synthese der Gestalt technischer Gebilde aus einzeln
  gestalteten Teiloberflächen

- Vollautomatische Erzeugung eines Volumenmodells aus
  mehreren zweidimensionalen Ansichts- und Schnittdar
  stellungen (Diese Form der Gestalteingabe wurde von
  Pikart /23/ entwickelt und soll im Rahmen dieser Arbeit
  nicht weiter betrachtet werden)

7.1.1 Eingabe von Grundkörpern

Untersucht man die als sog. Grundkörper in Frage kommenden Gestaltelemente, so lassen sich zwei unterschiedliche Grundkörperarten aufzeigen:

- Grundkörper, bei denen Zahl, Lage, Form, Reihenfolge und
  Verbindungsstruktur der Gestaltelemente feststehen. Solche
  Grundkörper sind z.B. Quader, Zylinder, Kegel, Kugel und
  Torus. Bei diesen Grundkörperarten sind vom Konstrukteur nur
  die jeweiligen Abmessungen einzugeben

- Grundkörper, bei denen die Erzeugung der Gestalt mit
  beliebigen Startwerten nach festen Regeln erfolgt. Solche
  Grundkörper sind die sog. Translations- und Rotationskörper,
  d.h. Grundkörper, bei denen sich die Gestaltparameter ihrer
  Gestaltelemente durch die Erstreckung einer von beliebigen
  Konturelementen berandeten Ebene längs einer Geraden bzw.
  durch deren Rotation um eine Achse ergibt. Sind in der
  Berandung der Ebene analytisch nicht beschreibbare Konturelemente (Splines) enthalten, so beinhaltet ein solcher
  Grund-körper natürlich analytisch nicht beschreibbare Teil-
  oberflächen.

Theoretisch läßt sich in einem CAD-System ein sehr großer Vorrat
an Grundkörpern zur Verfügung stellen. Da jedoch nahezu alle
Körper mit komplexer Gestalt durch eine geeignete Verknüpfung von
Grundkörpern mit einfacher Gestalt erzeugbar sind, wurde in
Rahmen von RUKON-3D auf die Bereitstellung komplexer Grundkörper

zunächst verzichtet. Statt dessen bietet das System die Grundkörper Quader, Zylinder, Kegel, Kugel, Torus, Pyramide, Prisma,
Keil, Ellipsoid, Hyperboloid, Paraboloid, Translations- und
Rotationskörper an. Hierbei werden die ellipsoid-, hyperboloid-
und paraboloidförmigen Teiloberflächen rechnerintern durch
Freiformflächen angenähert, da sie in der Praxis sehr selten
vorkommen und durch interpolierende B-Spline-Flächen hinreichend
genau dargestellt werden können.

7.1.2 Verknüpfung von Grundkörpern

Die in der Praxis vorkommende Gestalt technischer Gebilde läßt
sich im Normalfall nicht durch die einfache Generierung eines
Grundkörpers rechnerintern darstellen. Vielmehr bedarf es hierzu
bestimmter Operationen, mit denen sich mehrere Grundkörper zu
einem einzigen Körper verknüpfen lassen. Der Verknupfungsalgo-
rithmus arbeitet nach zwei unterschiedlichen Verfahren:

- Verknupfung nach dem Kontaktflächenprinzip
- Verknupfung nach dem Durchdringungsprinzip

7.1.2.1 Verknüpfung nach dem Kontaktflächenprinzip

Die Kontaktflächenverknupfung ist dadurch gekennzeichnet, daß
sich die zu verknüpfenden Körper an einzelnen Teiloberflächen nur
berühren. Der Algorithmus geht davon aus, daß jeweils einer der
beiden zu verknüpfenden Körper vollständig außerhalb (bei Addition) oder vollständig innerhalb (bei Subtraktion) des anderen
Korpers liegt (Bild 7.1.2.1).
Es ist erkennbar, daß nur die Teiloberflachen der Korper, in
denen Beruhrung auftritt, modifiziert und teilweise oder ganz
geloscht werden. Der Vorteil dieser Verknupfungsart ist darin zu
sehen, daß durch die vorher getroffenen Vereinfachungen der pro-
grammtechnische Aufwand und die Rechenzeiten sehr gering sind.

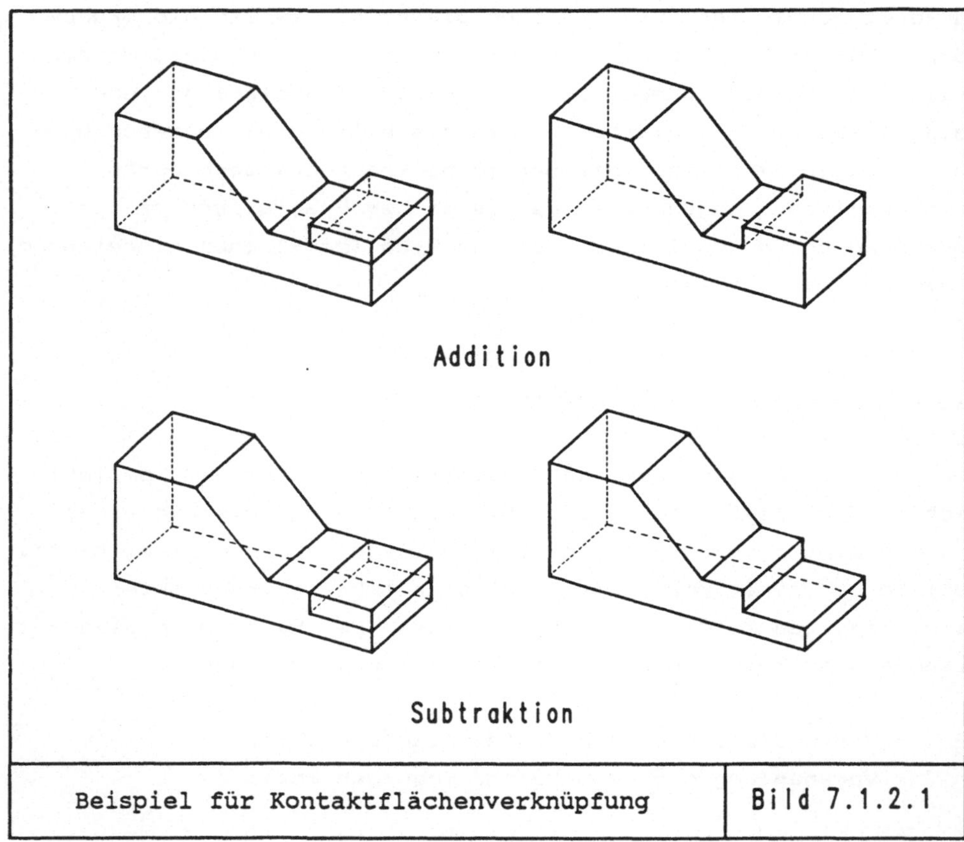

| Beispiel für Kontaktflächenverknüpfung | Bild 7.1.2.1 |

Als erläuterndes Beispiel mag hier der Hinweis genügen, daß es
nicht notig ist, die Schnittkurve von zwei Flachen zu berechnen,
da sich Flächen eben nur berühren durfen.
Als Nachteil dieser Verknüpfungsart läßt sich anführen, daß die
einzelnen Grundkörper sehr genau im Raum zueinander positioniert
werden müssen, was bei komplexen technischen Gebilden zu Schwierigkeiten führen kann. Weiterhin lassen sich auf diese Weise
nicht alle in der Praxis vorkommenden technischen Gebilde
erzeugen.
Aufgrund dieser Einschrankungen ist es trotz des erheblichen
programmtechnischen Aufwandes unbedingt notwendig, das Verfahren
der allgemeinen Durchdringungsverknüpfung zu implementieren.

7.1.2.2 Verknüpfung nach dem Durchdringungsprinzip

Diese Art der Verknüpfung ist dadurch gekennzeichnet, daß die
Lage der zu veknüpfenden Grundkörper relativ zueinander beliebig
sein kann. Ein Körper muß nicht mehr vollständig außerhalb oder
innerhalb des anderen liegen, sondern kann teilweise außerhalb
und teilweise innerhalb definiert sein. Auf diese Weise können
z.B. durch die unterschiedliche Verknüpfung zweier Zylinder bei
gleicher Relativlage folgende vier verschiedenen Ergebnisse
erzielt werden (Bild 7.1.2.2):

a) Addition $Z1 + Z2$
b) Subtraktion $Z1 - Z2$
c) Subtraktion $Z2 - Z1$
d) gemeinsame Menge von $Z1$ und $Z2$

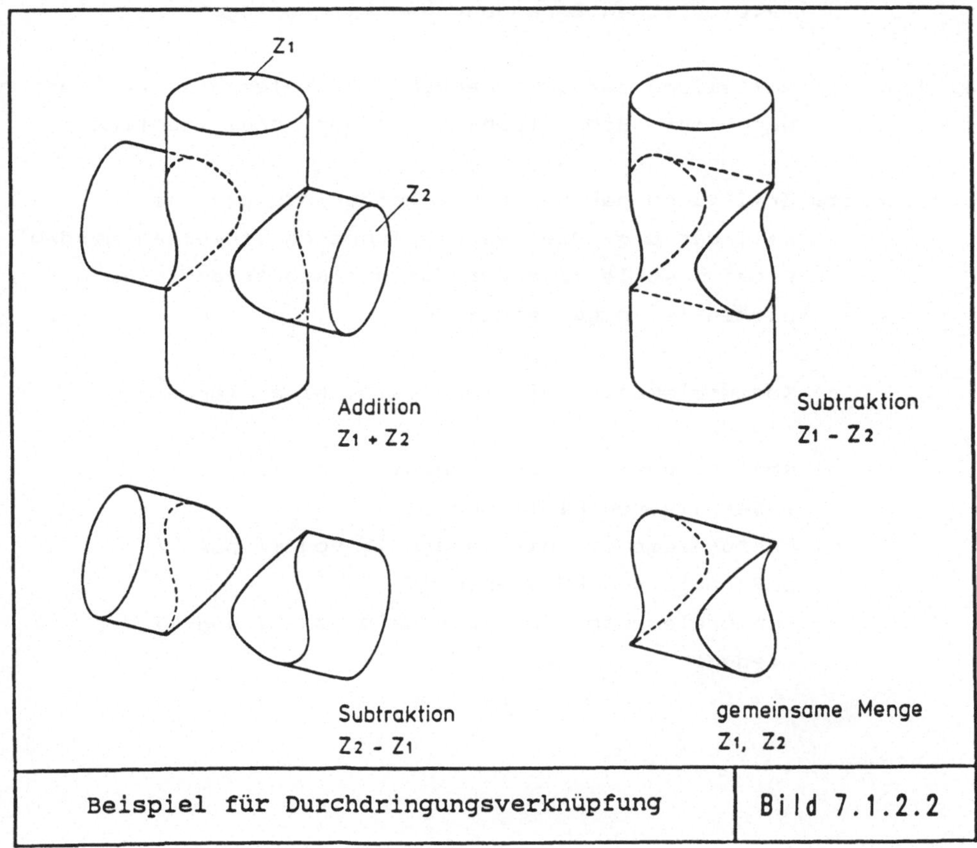

Beispiel für Durchdringungsverknüpfung   Bild 7.1.2.2

Zur Implementierung eines solchen Verfahrens ist es lediglich nötig, die in Kap. 5.2 erläuterten geistigen Tätigkeiten des Konstrukteurs bei der Arbeit mit einem Flächenmodell auf den Rechner zu übertragen. Infolge der Eindeutigkeit des vorliegenden Volumenmodells können die dort von ihm erbrachten geistigen Leistungen von dem System selbständig durchgeführt werden. Deshalb soll an dieser Stelle eine kurze Erläuterung des prinzipiellen Ablaufs genügen:

1. Schritt: Ermittlung der Flächen, die sich schneiden können, anhand ihrer tatsächlichen Ausdehnung

2. Schritt: Ermittlung der Schnittkonturen dieser Flächen

3. Schritt: Aktualisieren der Schnittkonturen, d.h. Ermittlung des Teils der Schnittkonturen, der innerhalb der tatsächlichen Berandung der Fläche liegt

4. Schritt: Aufteilung der berandenden Konturelemente der Flächen durch ihre Schnittpunkte mit den Schnittkonturen

5. Schritt: Ermittlung der neuen Flächenberandungen; je nach Fall der o.g. vier Verknüpfungsmöglichkeiten werden dabei jeweils folgende Konturelemente bzw. Konturelementteile gelöscht:

    a) Konturelemente, die innerhalb beider Körper liegen
    b) Konturelemente, die innerhalb von K2 oder außerhalb von K1 liegen
    c) Konturelemente, die innerhalb von K1 oder außerhalb von K2 liegen
    d) Konturelemente, die außerhalb von K1 und K2 liegen.

7.1.3 Integration von Freiformflächen in das Volumenmodell

Ein wesentliches Kennzeichen der RGD eines Volumenmodells ist die
absolute Trennung der geometrischen Gestaltdaten der Flächen von
ihren Begrenzungskanten bzw. der geometrischen Gestaltdaten der
Konturelemente von ihren begrenzenden Punkten. Die Gestalt einer
Fläche wird durch die diese beschreibenden Parameter festgelegt,
ihr für das jeweilige technische Gebilde geltender Gültigkeits-
bereich durch ihre begrenzenden Konturelemente. Entsprechendes
gilt auch für die Konturelemente. Bild 7.1.3.1 veranschaulicht
dies am Beispiel einer Ebene.

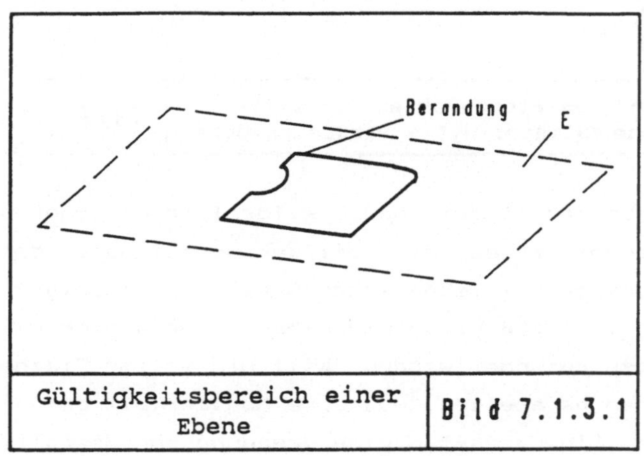

Gültigkeitsbereich einer Ebene	Bild 7.1.3.1

Völlig unproblematisch ist diese Trennung nur dann, wenn die
Gestalt einer Fläche unabhängig von Zahl, Form und Lage ihrer
berandenden Konturelemente bzw. die Gestalt eines Konturelementes
unabhängig von der Lage seiner begrenzenden Punkte ist. Diese
Eigenschaft besitzen Freiformflächen und Spline-Kurven jedoch
nicht. Beschrieben durch ein Gitter von Stützpunkten, läßt sich
eine bi-parametrische Freiformfläche als die Abbildung einer beliebig gekrümmten Fläche aus einem x,y,z-Raum in eine zweidimensionale u,t-Parameterebene betrachten. Jedem Koordinatenwert
(x,y,z) der Fläche im Raum entspricht ein Parameterpaar (u,t) in
dieser Parameterebene (Bild 7.1.3.2).

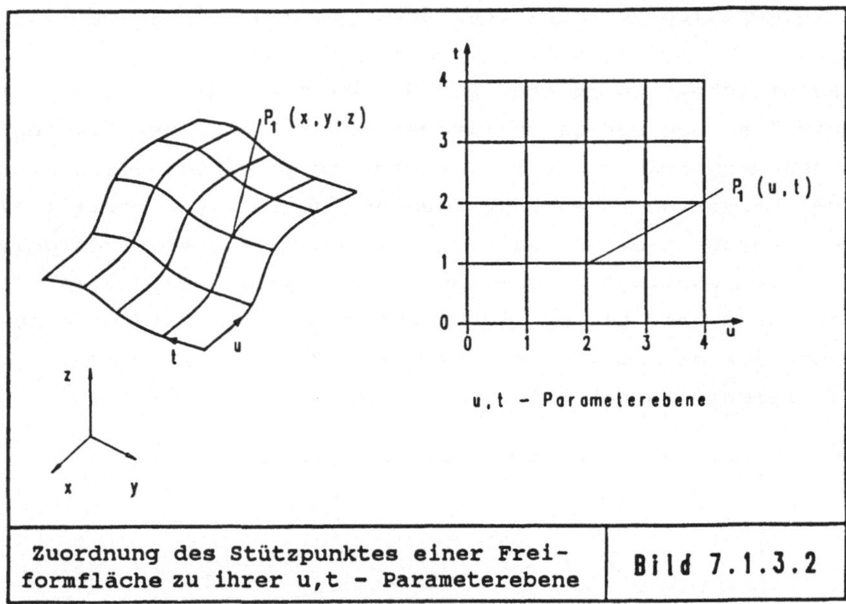

Zuordnung des Stützpunktes einer Frei- formfläche zu ihrer u,t - Parameterebene	Bild 7.1.3.2

Daraus wiederum resultiert, daß Freiformflächen immer durch vier Konturen berandet werden, die Teil der Gestaltdaten der Fläche sind. Nun kommt es bei technischen Gebilden beliebiger Gestalt jedoch häufig vor, daß Flächen von mehr oder weniger als vier Konturelementen berandet werden. Will man solche Flächen als Freiformflächen darstellen, muß eine Möglichkeit gefunden werden, trotz der o.g. Eigenschaften eine Trennung von Gestaltdaten und Gültigkeitsgrenzen zu erzielen, ohne die Form der Fläche hierdurch zu beeinflussen.

Der zur Zeit von vielen Systemen beschrittene Weg, Freiformflächen mit nicht-rechteckiger Berandung durch mehrere mit rechteckiger Berandung zu ersetzen (Bild 7.1.3.3), beinhaltet zwei schwerwiegende Nachteile /22/:

1. Die Zahl der Oberflächen und damit die Datenmenge und die Rechenzeiten steigen stark an.

2. Die Gestalt der Freiformflächen ist abhängig von ihrer Berandung; da bei einer Zerlegung in kleinere Einzelflächen jede dieser neuen Flächen eine andere Berandung aufweist, ist ein exakte Reproduktion der alten Fläche nicht gewährleistet.

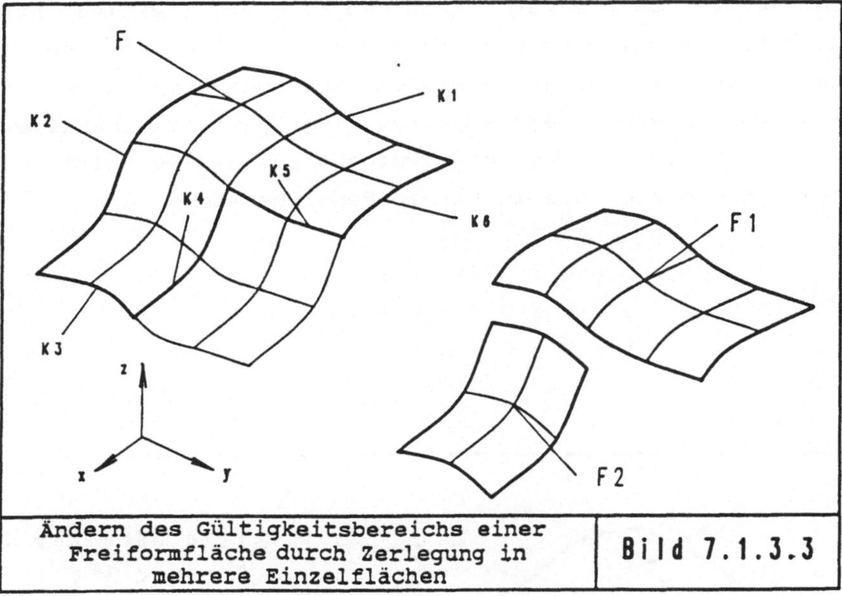

Ändern des Gültigkeitsbereichs einer Freiformfläche durch Zerlegung in mehrere Einzelflächen	Bild 7.1.3.3

Aus diesem Grund wurde für RUKON-3D eine andere Möglichkeit entwickelt, die wie bei analytischen Flächen eine strikte Trennung
von Gestaltdaten und Gültigkeitsgrenzen gewährleistet.
Die Gestaltdaten einer Freiformfläche sind, wie bereits mehrfach
erwähnt, ihre Stützpunkte. Diese bleiben bei einer Änderung der
Berandung unverändert. Die eigentlichen Randkonturen der Fläche
erfüllen nur die Bedingung, daß sie auf der Fläche liegen, besitzen jedoch keinen Bezug zu den Flächenstützpunkten. So kann
z.B. die in Bild 7.1.3.4 dargestellte Freifläche F als Beran-
dungskontur die Konturelemente K1 - K6 erhalten, ohne ihre durch
die Stützpunkte festgelegte Gestalt zu verändern. Man erkennt
jedoch, daß die Fläche auch weiterhin über ihre tatsächliche
Berandung hinaus definiert ist. Da in einem technischen Gebilde
der Definitionsbereich einer Fläche nur innerhalb ihrer technischen Berandung Gültigkeit besitzen darf, erhält sie zusätzlich
die Information, innerhalb welcher Parameter-Bereiche sie keine
Gultigkeit besitzt. Diese Bereiche sollen "inaktive Bereiche"

genannt werden. Da die Zahl, Lage und Form der inaktiven Bereiche
beliebig sein kann, wird dadurch die Konstruktion von Freiflächen
mit beliebigen Berandungen sowie das Anbringen von Löchern in
Freiflächen (innerhalb eines Loches liegt dann ein inaktiver
Bereich der Fläche) ermöglicht. Bezogen auf das Beispiel in Bild
7.1.3.4 ergäben sich die inaktiven Bereiche somit zu:

$$u = 0 : 0 < t < 1$$
$$u = 1 : 0 < t < 1$$
$$t = 0 : 0 < u < 2$$

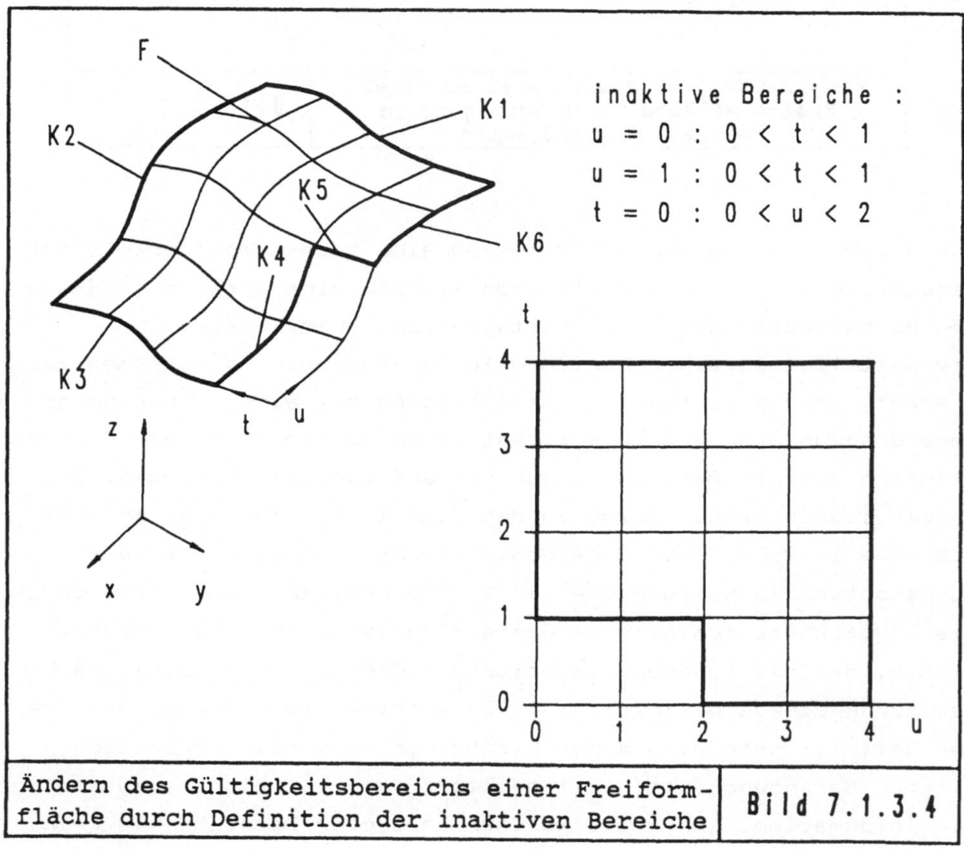

Ändern des Gültigkeitsbereichs einer Freiform- fläche durch Definition der inaktiven Bereiche	Bild 7.1.3.4

Ein weiteres Problem der Darstellung von Volumenmodellen durch
einzelne Oberflächen liegt in der Frage, auf welcher Seite der
Fläche sich Material befindet und auf welcher nicht.
Definitionsgemäß befindet sich in RUKON-3D das Material immer
"hinter" einer Fläche, d.h. der Normalenvektor der Fläche muß an
jeder Stelle vom Material wegzeigen. Betrachtet man die analytisch beschreibbaren Flächen, stellt man fest, daß diese Definition bei ihnen einfach einzuhalten ist. Bei einer Ebene gehört
der Normalenvektor zur geometrischen Beschreibung. Bei einfach
oder mehrfach gekrümmten analytischen Flächen ist die Richtung
des Normalenvektors nicht über der gesamten Fläche konstant,
sondern verändert sich laufend. Infolge der Symmetrie dieser
Flächen genügt es jedoch, ihrer geometrischen Beschreibung noch
die Information hinzuzufugen, daß der Normalenvektor an jeder
Stelle nach außen ("Voll") oder nach innen ("Hohl") zeigt (Bild
7.1.3.5).

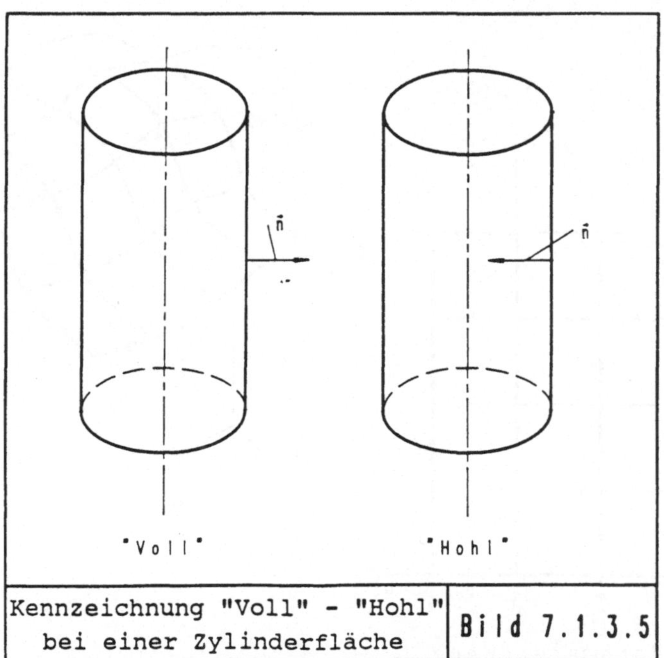

Kennzeichnung "Voll" - "Hohl" bei einer Zylinderfläche	Bild 7.1.3.5

Allgemeine Freiformflächen sind nicht symmetrisch und besitzen deshalb auch kein "Außen" oder "Innen". Da auch bei ihnen die Richtung des Normalenvektors über der gesamten Fläche nicht konstant ist, muß eine andere Lösung geschaffen werden.

Ein Normalenvektor ist dadurch festgelegt, daß er an jeder Stelle senkrecht auf der Fläche steht. Somit können, außer, es handelt sich um eine Ebene, zu jeder Fläche unendlich viele Normalenvektoren existieren, sodaß eine Speicherung aller Vektoren nicht in Frage kommt. Es ist jedoch jederzeit möglich, aus den Stützpunktdaten der Fläche Steigungsvektoren (= v_1 und v_2) in einem beliebigen Punkt der Fläche in beiden Parameterrichtungen zu berechnen. Bildet man das Kreuzprodukt dieser beiden Vektoren, so erhält man einen Vektor, der senkrecht auf der Fläche steht, der jedoch prinzipiell noch in zwei Richtungen zeigen kann (Bild 7.1.3.6).

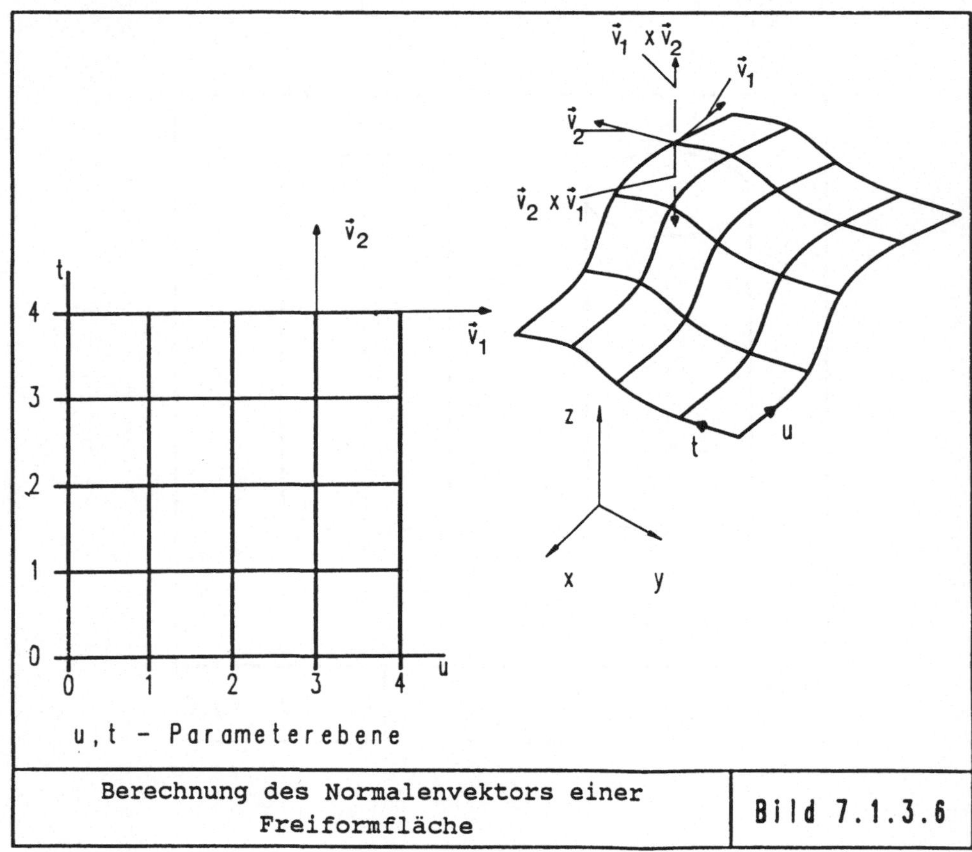

Berechnung des Normalenvektors einer Freiformfläche

Bild 7.1.3.6

Zur eindeutigen Festlegung der Lage des Werkstoffs kann man sich
nun 2 Tatsachen zunutze machen:

- Das Kreuzprodukt ist nicht kommutativ;
  $v_1 \, \rlap{I} v_2$ ergibt den entgegengesetzten Vektor zu $v_2 \, \rlap{I} v_1$

- Die Stützpunkte einer Freiformfläche entsprechen immer
  einer zweidimensionalen Matrix in der u,t-Ebene, sodaß
  die Richtung der Steigungsvektoren in der u,t-Ebene immer
  konstant ist.

Wird nun einer Freiformfläche also die Information mitgegeben, ob
sich das Material in Richtung des Normalenvektors $v_1 \, \rlap{I} v_2$ oder in
Richtung des Vektors $v_2 \, \rlap{I} v_1$ befindet, was prinzipiell der bei
analytischen Flächen gespeicherten Information "Voll" oder "Hohl"
gleichkommt, so ist die Lage des Werkstoffs auch bei beliebig
geformten Oberflächen eindeutig.

7.1.4 Synthese einzelner Flächen zu einem Volumenmodell

Bei der Analyse der Arbeitsweise eines Konstrukteurs war eine
wesentliche Erkenntnis, daß er in Flächen "denkt" und die Gestalt
technischer Gebilde schrittweise durch die Gestaltung der einzelnen Oberflächen zusammensetzt. Speziell bei komplexen Oberflä-
chengeometrien wird es also nicht möglich sein, mit Hilfe der
bisher erläuterten Grundkörper diese rechnerintern vollständig zu
beschreiben. Einer vollautomatischen Generierung des Volumenmodells aus zweidimensionalen Ansichten und Schnitten wiederum
steht die Tatsache entgegen, daß es sich bei den konstruierten
Geometrien um analytisch nicht beschreibbare Oberflächen handelt,
die mit Algorithmen dieser Art nicht rekonstruierbar sind. Beide
Verfahren zur Eingabe von Volumenmodellen geben jedoch nicht den
genauen Verlauf einer konventionellen Konstruktion wieder, da sie
nicht die schrittweise Entwicklung einzelner Oberflächen ermöglichen, sondern mit, von mehreren Flächen begrenzten, Körpern

arbeiten bzw. vor der Ermittlung der Oberflächengestalt die zweidimensionale Darstellung des gesamten technischen Gebildes
voraussetzen.

Es ist also sinnvoll, in Ergänzung dieser Verfahren die exakte
Wiedergabe der konventionellen Konstruktion im Rechner zu realisieren, d. h. die Gestaltung einzelner Oberflächen mit anschlies-
sender Synthese zu einem allseits von Teiloberflächen umschlos-
senen technischen Gebilde zu ermöglichen. Bezogen auf die bei den
einzelnen Gestaltungsschritten zugrunde liegende RGD bedeutet
diese einen Übergang vom Flächenmodell zum Volumenmodell.

In einem als Flächenmodell beschriebenen technischen Gebilde
können im Gegensatz zu einem Volumenmodell eine Reihe von Unzulänglichkeiten auftreten:

- Die Lage des Werkstoffs ist unbekannt

- Die Flächen wissen nichts voneinander, d. h. sie
  besitzen keine gemeinsamen Konturen

- Es können redundante Daten vorhanden sein, d. h. zum
  Beispiel Punkte und Konturelemente können doppelt
  vorkommen

Soll aus einem solchen Flächenmodell ein Volumenmodell erstellt
werden, müssen diese Unzulänglichkeiten beseitigt werden. Prinzipiell bieten sich hierzu zwei Lösungsmöglichkeiten an:

1. Der Benutzer erstellt im Dialog mit dem System das Volumenmodell. Hierzu sind im einzelnen folgende Schritte zu voll-
   ziehen:

   - Jede Fläche erhält die Information, auf welcher Seite
     sich der Werkstoff befindet

   - Die redundanten Daten werden beseitigt, d. h. Punkte mit
     gleichen Koordinaten sowie gleiche Konturelemente werden
     zu jeweils einem Gestaltelement zusammengefaßt

- Jedes Konturelement wird genau zwei Flächen zugeordnet,
  Dadurch werden die Flächen über ihre begrenzenden Konturelemente miteinander verbunden. Gleichzeitig erhält
  jedes Konturelement die Information, ob es zu einem
  Loch, einem Aufsatz oder einer Außenkontur gehört.

Bild 7.1.4.1 demonstriert dieses schrittweise Vorgehen am Beispiel eines einfachen Zylinders.

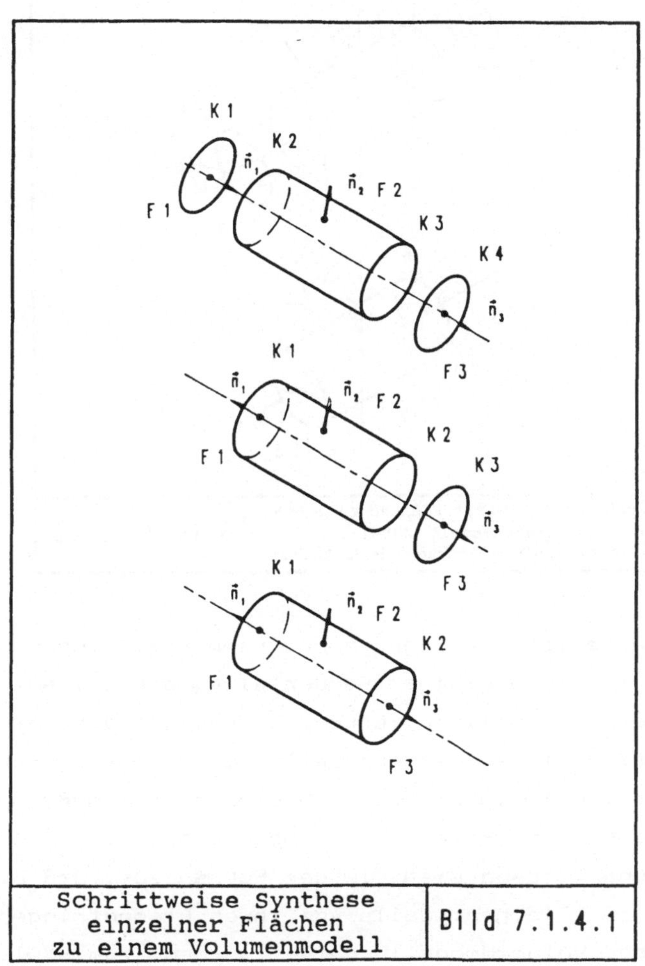

Schrittweise Synthese
einzelner Flächen
zu einem Volumenmodell

Bild 7.1.4.1

2. Der Benutzer definiert einen Punkt, der innerhalb des technischen Gebildes liegt. Ein geeigneter Programmodul müßte dann
   in der Lage sein, alle umschließenden Teiloberflächen zu
   finden, ihren Normalenvektor so auszurichten, daß er vom
   Material wegzeigt, ihre gemeinsamen Konturen zu ermitteln und
   redundante Daten zu beseitigen (Bild 7.1.4.2).

Synthese einzelner Flächen zu einem Volumenmodell durch Definition eines Punktes im Werkstoff	Bild 7.1.4.2

Aufgrund des erheblich geringeren Programmieraufwandes und der
sicheren Beseitigung möglicher Sonderfälle, die bei Automatismen
jeder Art immer zu Problemen fuhren konnen, und der Tatsache, daß
ein auf der Basis eines Flächenmodells beschriebenes Bauteil
nicht allseits von Teiloberflächen begrenzt sein muß, wurde in
RUKON-3D zunachst die erste Losung implementiert.
Der beschriebene Vorgang sieht in der RGD so aus, daß die Gestaltelemente des Flächenmodells von ihren Elementringen auf die
Elementringe des Volumenmodells gelegt werden. Zum Schluß
existieren nur noch auf den Elementringen des Volumenmodells
Flachen und Konturelemente (Bild 7.1.4.3).

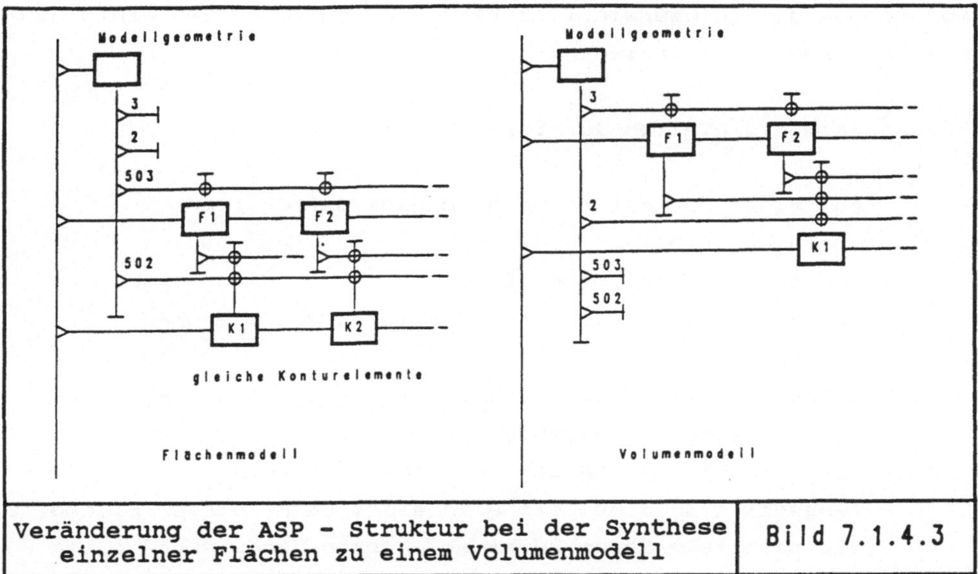

Veränderung der ASP − Struktur bei der Synthese einzelner Flächen zu einem Volumenmodell	**Bild 7.1.4.3**

7.2 Generierung von Flächen

Charakteristisch für die Gestaltung technischer Gebilde mit einem
auf einem Flächenmodell basierenden CAD-System ist das Arbeiten
mit einzelnen Flächen. Für ein effizient arbeitendes System ist
es also unabdingbar, daß eine Reihe von Möglichkeiten geboten
werden, diese Flächen zu erzeugen. Von technischer Bedeutung sind
hierbei die Flächenformen:

- Ebene Fläche
- Zylinderfläche
- Kegelfläche
- Kugelfläche
- Torusfläche
- Freiformfläche

Unter Berücksichtigung der in Kap.4.5 aufgestellten Anforderungen
an ein CAD-System zur Konstruktion beliebig geformter Bauteil-
oberflächen wurden nun mehrere Verfahren entwickelt, mit deren
Hilfe eine bequeme und einfach handhabbare Gestaltung auch
komplizierter technischer Gebilde, (z.B. KFZ-Schräglenker)

möglich wird. Zur Übersichtlichkeit wird zwischen den einzelnen Flächenformen unterschieden.

Erzeugungsmöglichkeiten für Ebenen (Bild 7.2.1A - I):

- aus einer 2D-Ansicht unter Angabe der dritten Koordinate (A)
- aus zwei 2D-Ansichten (B)
- durch die Eingabe der Koeffizienten der Ebenengleichung (C)
- durch 3 Punkte, die nicht auf einer Geraden liegen (D)
- durch 2 sich schneidende Geraden (E)
- durch Punkt und Ebenen-Normalenvektor (F)
- tangential an eine Fläche in einem Punkt dieser Fläche (G)
- als parallele Ebene zu einer anderen Ebene durch einen Punkt (H)
- durch die Erstreckung einer Geraden längs eines Vektors; die überstrichene Fläche ergibt die Ebene (I)

Erzeugungsmöglichkeiten für Zylinderflächen (Bild 7.2.2A - F):

- aus zwei 2D-Ansichten (A)
- direkte Eingabe der Gestaltparameter (Radius, Achsvektor, Punkt auf der Achse) (B)
- Rotation einer Geraden bzw. Strecke um eine parallele Gerade (C)
- Erstreckung eines Kreises bzw. Kreisbogens längs eines Vektors (D)
- als äquidistante Fläche zu einer anderen Zylinderfläche (E)
- als Verrundungsfläche einer Geraden bzw. Strecke (F) tangential an zwei Flächen

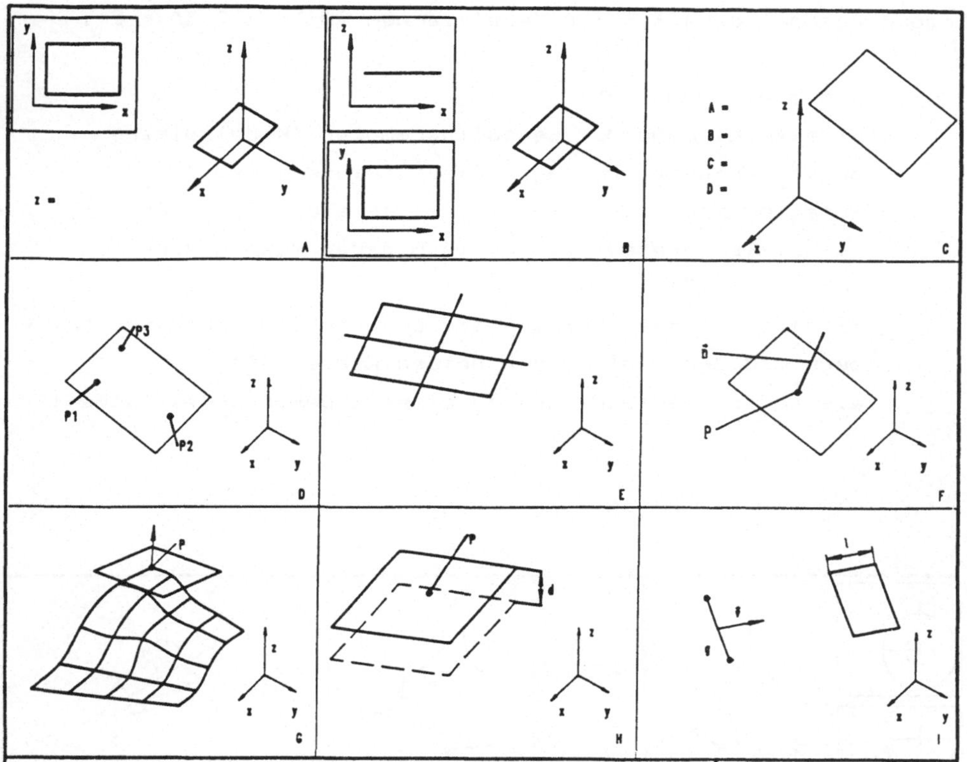

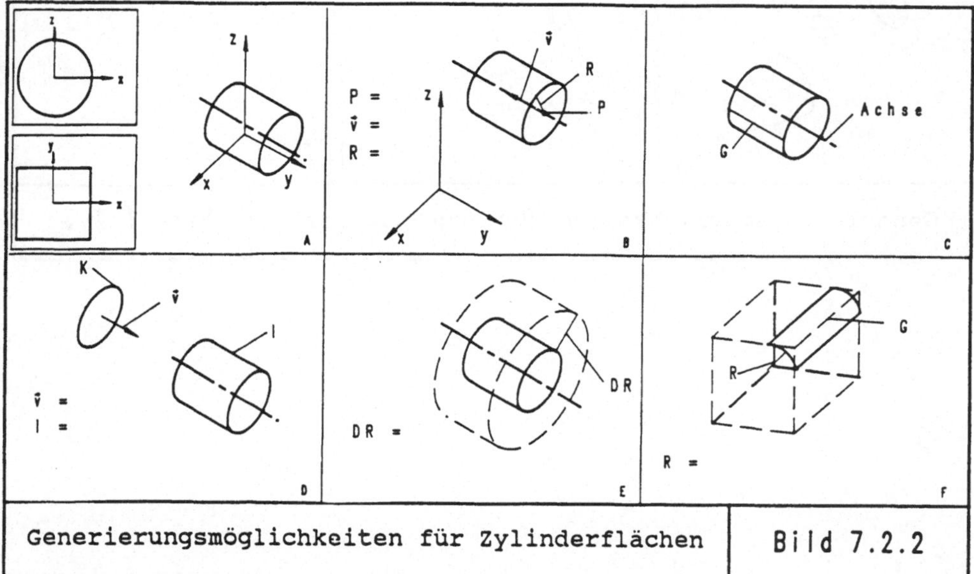

Generierungsmöglichkeiten für Ebenen — Bild 7.2.1

Generierungsmöglichkeiten für Zylinderflächen — Bild 7.2.2

Erzeugungsmöglichkeiten für Kegelflächen (Bild 7.2.3A - E):

- aus zwei 2D-Ansichten (A)
- direkte Eingabe der Gestaltparameter (Kegelspitzenpunkt, Achsvektor, Kegelöffnungswinkel) (B)
- Rotation einer Geraden bzw. Strecke um eine nicht
  parallele Gerade; die beiden Geraden müssen sich
  schneiden (C)
- Eingabe von zwei Kreisen mit unterschiedlichen Durchmes-
  sern und dem Abstand der beiden Kreise (D)
- als äquidistante Fläche zu einer anderen Kegelfläche (E)

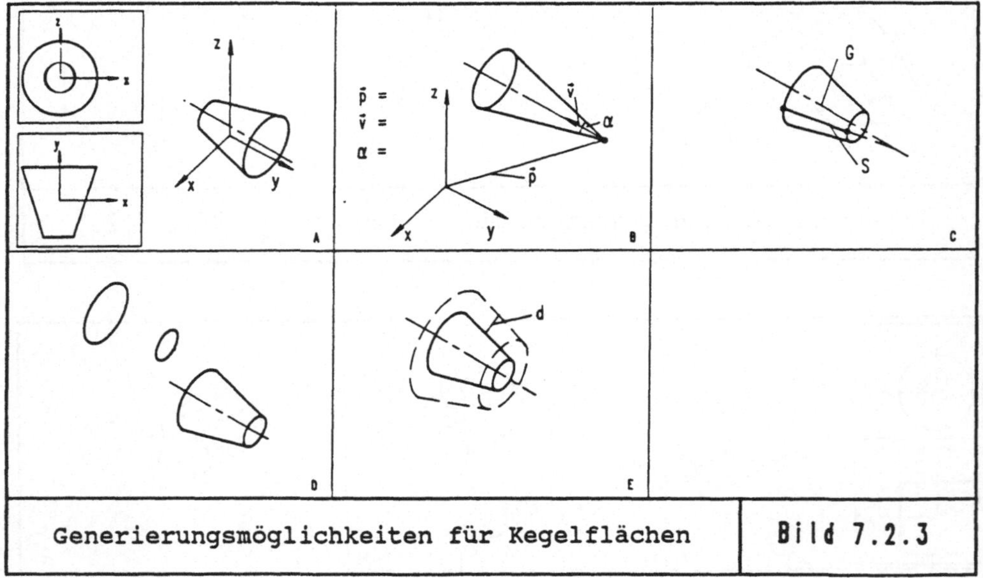

Generierungsmöglichkeiten für Kegelflächen	Bild 7.2.3

Erzeugungsmöglichkeiten für Kugelflächen (Bild 7.2.4A – F):

- aus zwei 2D-Ansichten (A)
- durch Eingabe der Gestaltparameter (Mittelpunkt, Radius) (B)
- durch Rotation eines Kreisbogens um eine Gerade; Kreisbogen und Gerade müssen in einer Ebene liegen, der Mittelpunkt des Kreisbogens auf der Geraden (C)
- durch Eingabe von 3 Kreisbögen mit gleichem Radius und gleichem Mittelpunkt (D)
- als äquidistante Fläche zu einer anderen Kugelfläche (E)
- als Verrundungsfläche einer Ecke (F)

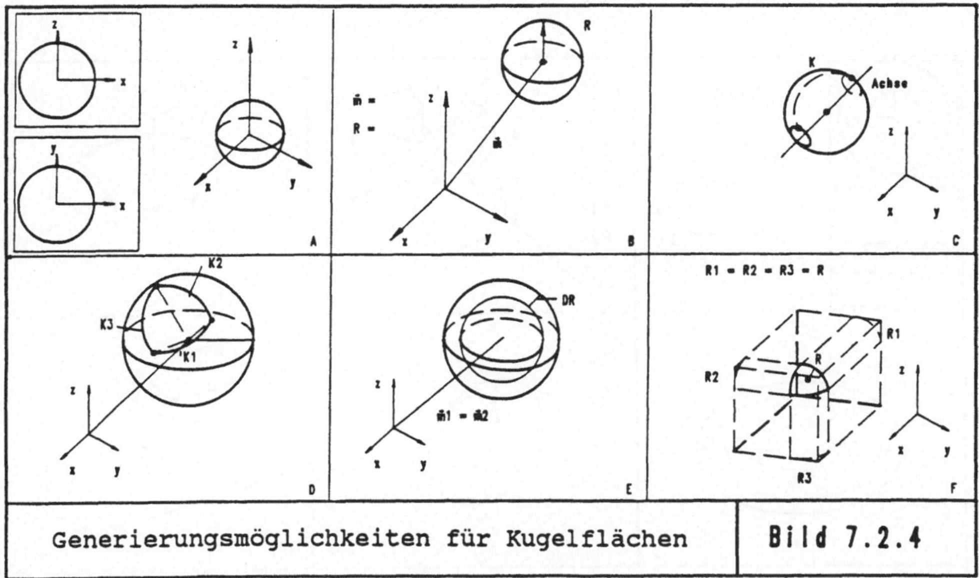

Generierungsmöglichkeiten für Kugelflächen   Bild 7.2.4

Erzeugungsmöglichkeiten für Torusflächen (Bild 7.2.5A - F):

- aus zwei 2D-Ansichten (A)
- durch direkte Eingabe der Gestaltparameter (Mittelpunkt, Achsvektor, großer Radius, kleiner Radius) (B)
- durch Rotation eines Kreises bzw. Kreisbogens um
  eine Gerade; Kreis bzw. Kreisbogen und Gerade liegen
  in einer Ebene, der Mittelpunkt liegt nicht auf der
  Geraden (C)
- durch die Eingabe von 4 Kreisbögen, von denen jeweils 2
  gleiche Radien aufweisen müssen (D)
- als äquidistante Fläche zu einer anderen Torusfläche (E)
- als Verrundungsfläche einer Ecke (F)

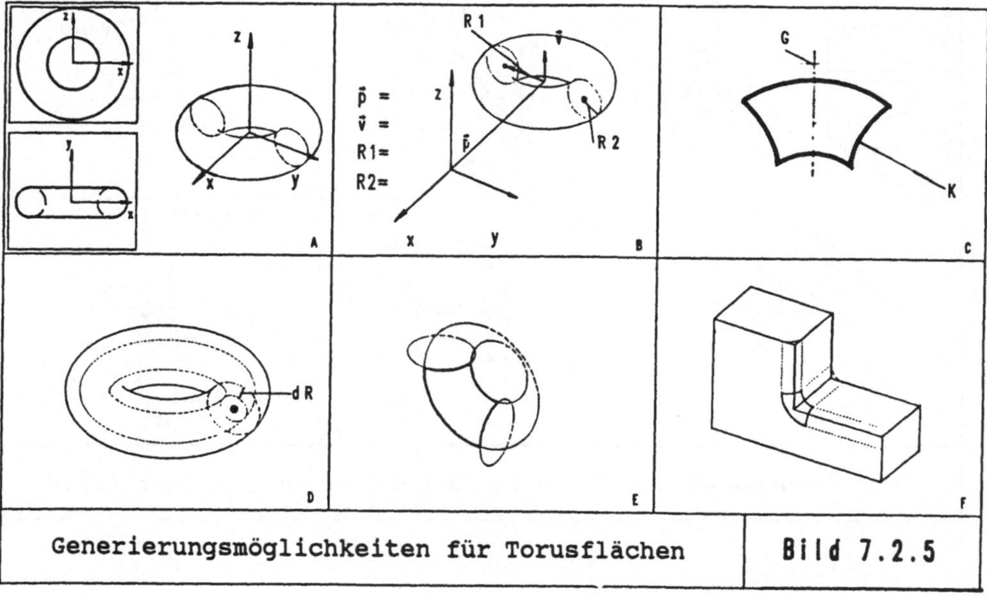

Erzeugungsmöglichkeiten für Freiformflächen (Bild 7.2.6A – H):

- durch direkte Eingabe aller Stützpunkte (A)
- durch Eingabe mehrerer Konturelemente, die als
  Schnitte konstruiert wurden ("Höhenlinien") (B)
- durch die Eingabe der Berandung (C). In diesem Fall werden
  die Stützpunkte durch lineare Interpolation in x-, y- und
  z-Richtung zwischen den Berandungskurven ermittelt

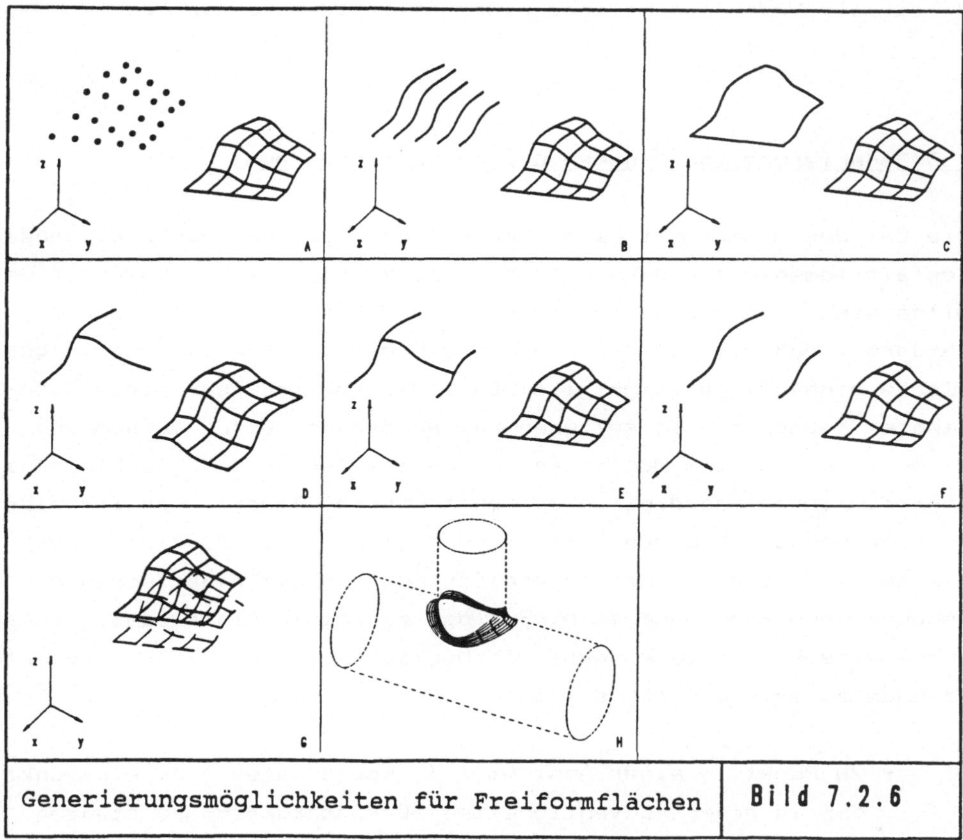

Generierungsmöglichkeiten für Freiformflächen | **Bild 7.2.6**

- durch die Erstreckung eines beliebigen Konturelementes längs eines beliebigen anderen Konturelementes (D)
- durch die Erstreckung eines beliebigen Konturelementes längs eines beliebigen anderen Konturelementes mit gleichzeitigem Übergang in ein drittes,
  beliebiges Konturelementes (E)
- durch die Verbindung zweier beliebiger Konturelemente durch Geraden (F)
- als äquidistante Fläche zu einer anderen Freiformfläche (G)
- als Verrundungsfläche einer beliebigen Kontur oder
  Ecke (H)

7.3 Generierung von Punkten und Konturelementen

Die bei der Arbeit mit einem Kantenmodell zur Verfügung stehenden
Gestaltelemente zur Darstellung dreidimensionaler technischer Gebilde sind Punkte und Konturelemente. Prinzipiell läßt sich
anführen, daß ein Punkt durch die Angabe seiner x-,y- und z-Koordinate eindeutig bestimmt ist. Da einem Konstrukteur diese Koordinaten jedoch nur in seltenen Fällen bekannt sind, müssen von
einem 3D CAD-System Möglichkeiten geschaffen werden, Punkte ohne
Kenntnis ihrer Koordinaten zu konstruieren. Theoretisch ist hierzu eine unendlich große Anzahl von Möglichkeiten denkbar, wovon
die meisten jedoch einander ähnlich oder in der praktischen Anwendung ohne Bedeutung sind. Für das zu entwickelnde Basis System
wurde eine sinnvolle Auswahl von Möglichkeiten entwickelt, Punkte
im Raum zu erzeugen (Bild 7.3.1A - P):

- 2D-Punkt in einer Ansicht + 3. Koordinate, d.h. ein Punkt,
  der in einer konventionellen 2D-Konstruktion entstanden
  ist, wird durch Eingabe einer dritten Koordinate zum
  Raumpunkt (A)

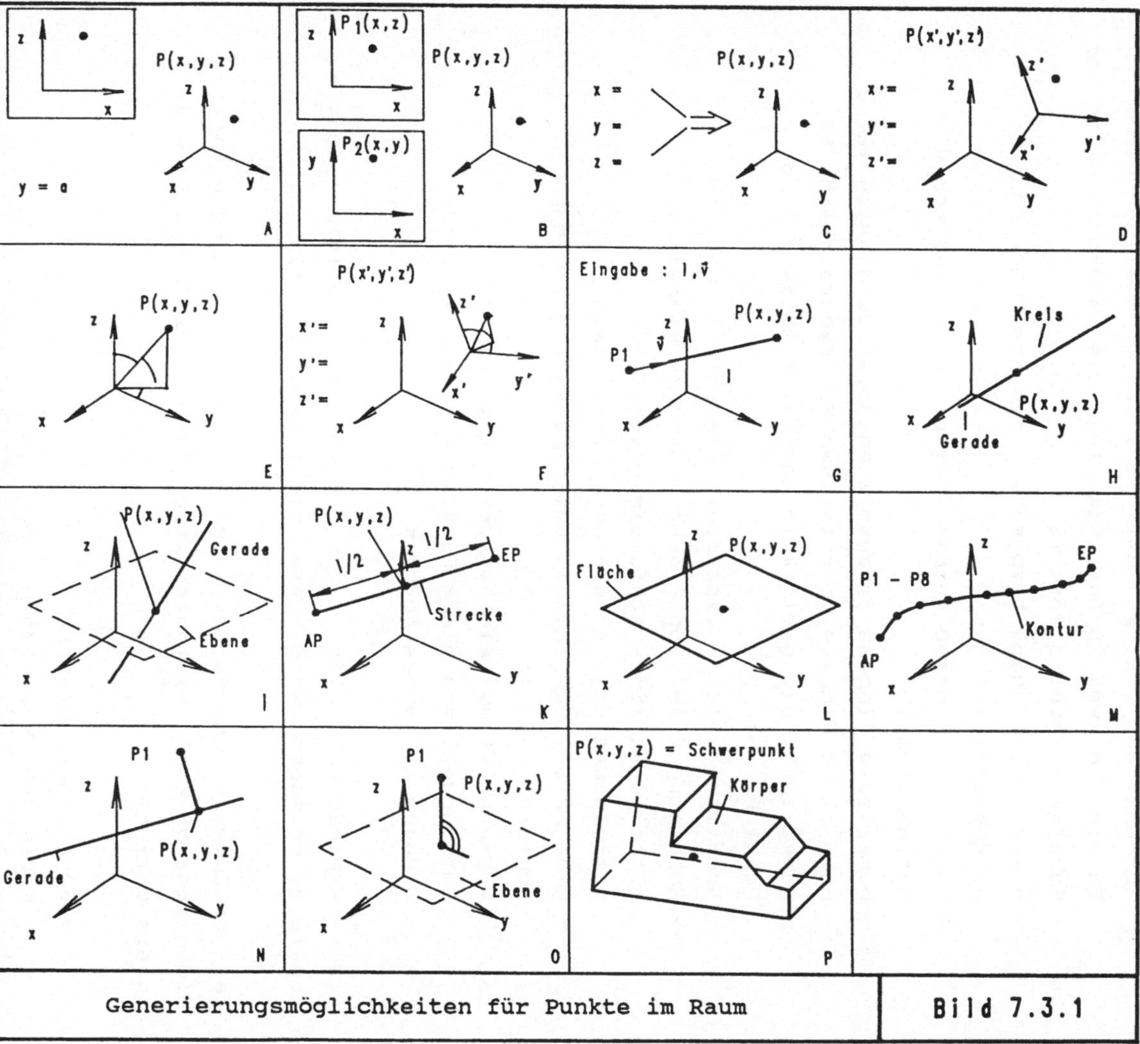

Generierungsmöglichkeiten für Punkte im Raum

Bild 7.3.1

- 3D-Punkt aus zwei 2D-Ansichten; die Darstellung eines
  Punktes in zwei 2D-Ansichten legt die Raumkoordinaten des
  Punktes eindeutig fest (B)
- numerische Eingabe bezogen auf ein absolutes Koordi-
  natensystem (C)
- numerische Eingabe bezogen auf ein relatives Koordi-
  natensystem (D)
- numerische Eingabe in absoluten Polarkoordinaten (E)
- numerische Eingabe in relativen Polarkoordinaten (F)
- Punkt in Richtung eines Vektors v im Abstand 1 vom
  Punkt P_1 (G)
- Schnittpunkt(e) zweier Konturelemente im Raum (H)
- Schnittpunkt(e) von Fläche und Konturelement (I)
- Mittelpunkt eines Konturelementes (K)
- Mittelpunkt bzw. Schwerpunkt einer Fläche (L)
- eine Anzahl von äquidistanten Punkten auf einem
  Konturelement (M)
- Lotfußpunkt auf ein Konturelement (N)
- Lotfußpunkt von einem Punkt auf eine Fläche (O)
- Schwerpunkt eines Körpers (P)

Die verschiedenen Möglichkeiten, in Ansichten zweidimensionale
Punkte zu erzeugen, werden hier nicht berücksichtigt.

Bei der Entwicklung von Verfahren zur direkten Erzeugung dreidimensionaler Konturelemente ist es nötig, zwischen vier Konturelementformen

- Gerade bzw. Strecke
- Kreis bzw. Kreisbogen
- allg. Kegelschnitt (Ellipse bzw. Ellipsenbogen,
  Parabel, Hyperbel)
- allg. Kurve (Spline)

zu unterscheiden, wobei bei den Erzeugungsmöglichkeiten für
Splines die in Kap.5.1.3 erläuterten interpolierenden B-Splines
zugrunde gelegt werden.

Ein Kreis ist mathematisch gesehen nur der Sonderfall einer
Ellipse. Bei technischen Gebilden des Maschinenbaus ist er jedoch
von so großer Bedeutung, daß eine gesonderte Behandlung sinnvoll
erscheint. Die Möglichkeiten, in einer Ansicht zweidimensionale
Konturelemente zu konstruieren, sind hinreichend aus der einschlägigen Literatur bekannt und sollen an dieser Stelle nicht
weiter berücksichtigt werden.

Erzeugungsmöglichkeiten für Geraden bzw. Strecken im Raum
(Bild 7.3.2A - G):

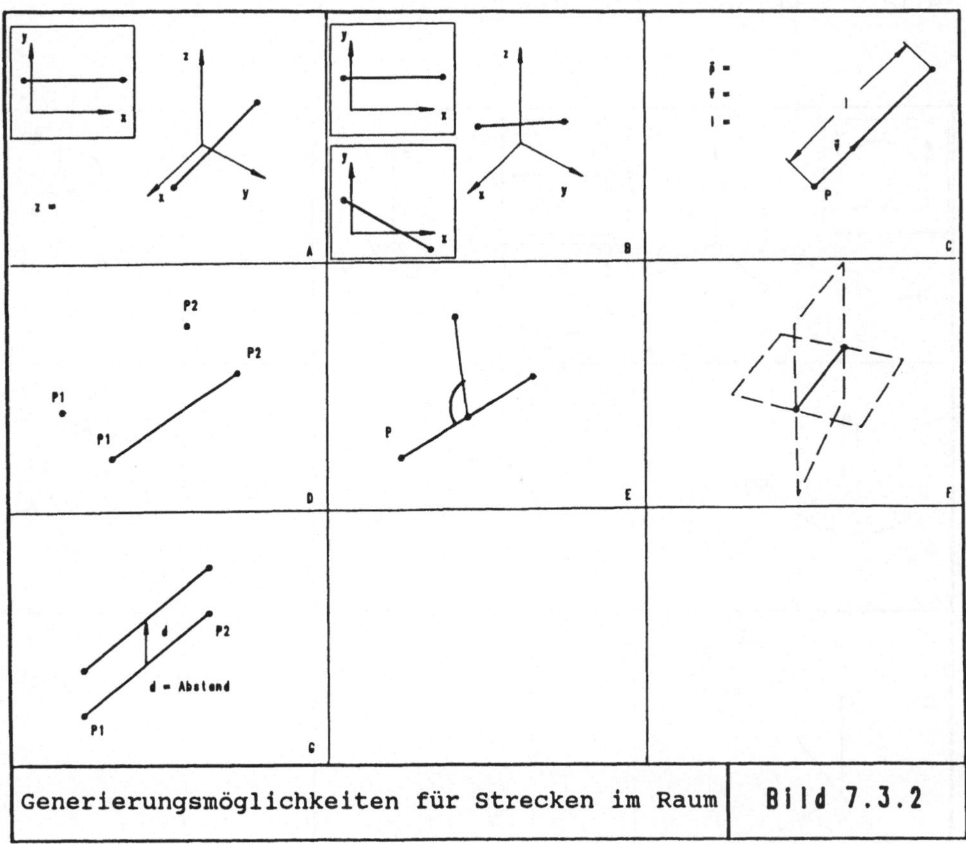

<table>
<tr><td>Generierungsmöglichkeiten für Strecken im Raum</td><td>Bild 7.3.2</td></tr>
</table>

- aus einem 2D-Konturelement durch Eingabe der dritten
  Koordinate (A)
- aus zwei 2D-Ansichten (B)
- durch einen Punkt in Richtung eines Vektors mit
  bestimmter Länge (C)
- durch 2 Punkte (D)
- als Lot auf ein Konturelement (E)
- als Schnittkontur(en) zweier Flächen (F)
- als Äquidistante zu einer Geraden bzw. einer Strecke
  in eine bestimmte Richtung (G)

Erzeugungsmöglichkeiten für Kreis bzw. Kreisbogen
(Bild 7.3.3A – G):

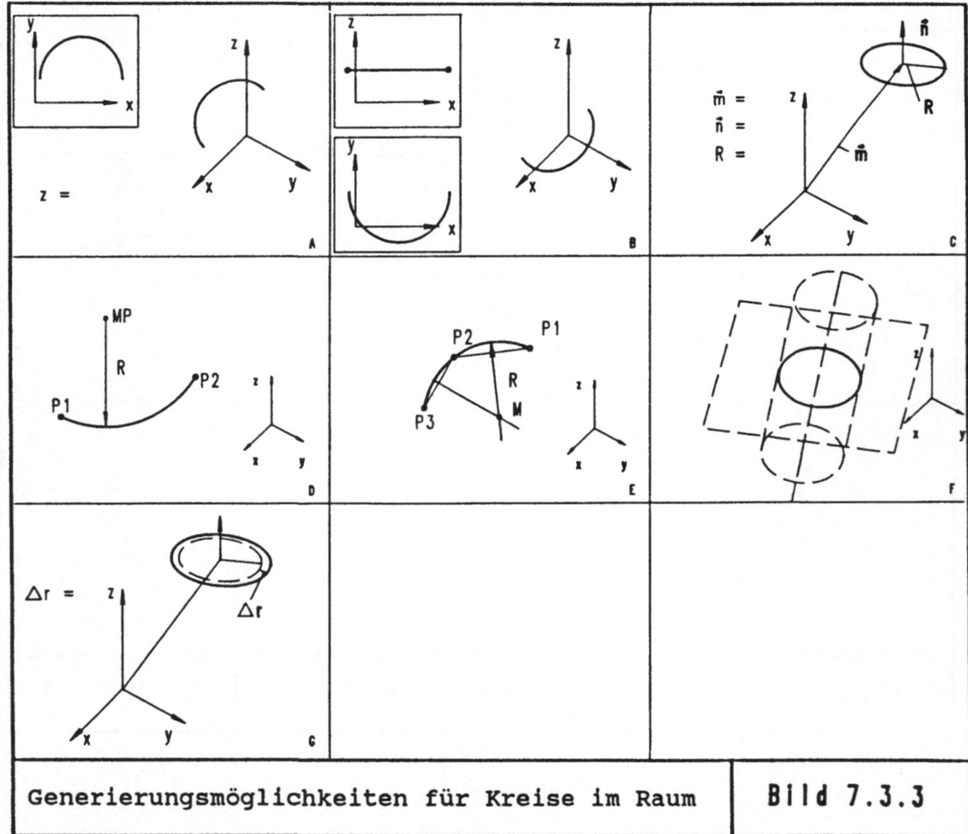

Generierungsmöglichkeiten für Kreise im Raum | Bild 7.3.3

- aus einer 2D-Ansicht durch Eingabe der dritten
  Koordinate (A)
- aus zwei 2D-Ansichten (B)
- durch Angabe des Mittelpunktes, des Radius und des
  Richtungsvektors der Kreisebene (C)
- durch Eingabe des Mittelpunktes und 2 Punkten auf
  dem Kreis (D)
- durch Eingabe von 3 Punkten (E)
- als Schnittkontur(en) zweier Flächen (F)
- als Äquidistante zu einem Kreis bzw. Kreisbogen in
  eine bestimmte Richtung (G)

Erzeugungsmöglichkeiten für allg. Kegelschnitte
(Bild 7.3.4A - F):

- aus einer 2D-Ansicht unter Angabe der dritten
  Koordinate (A - C)
- als Schnittkontur einer Ebene und einer
  Zylinder- oder Kegelfläche; als Sonderfall ergeben
  sich weiterhin 2 Ellipsen als Schnittkurven zweier
  Zylinderflächen, deren Achsen sich schneiden und die
  einen gleichen Radius besitzen (D - F)

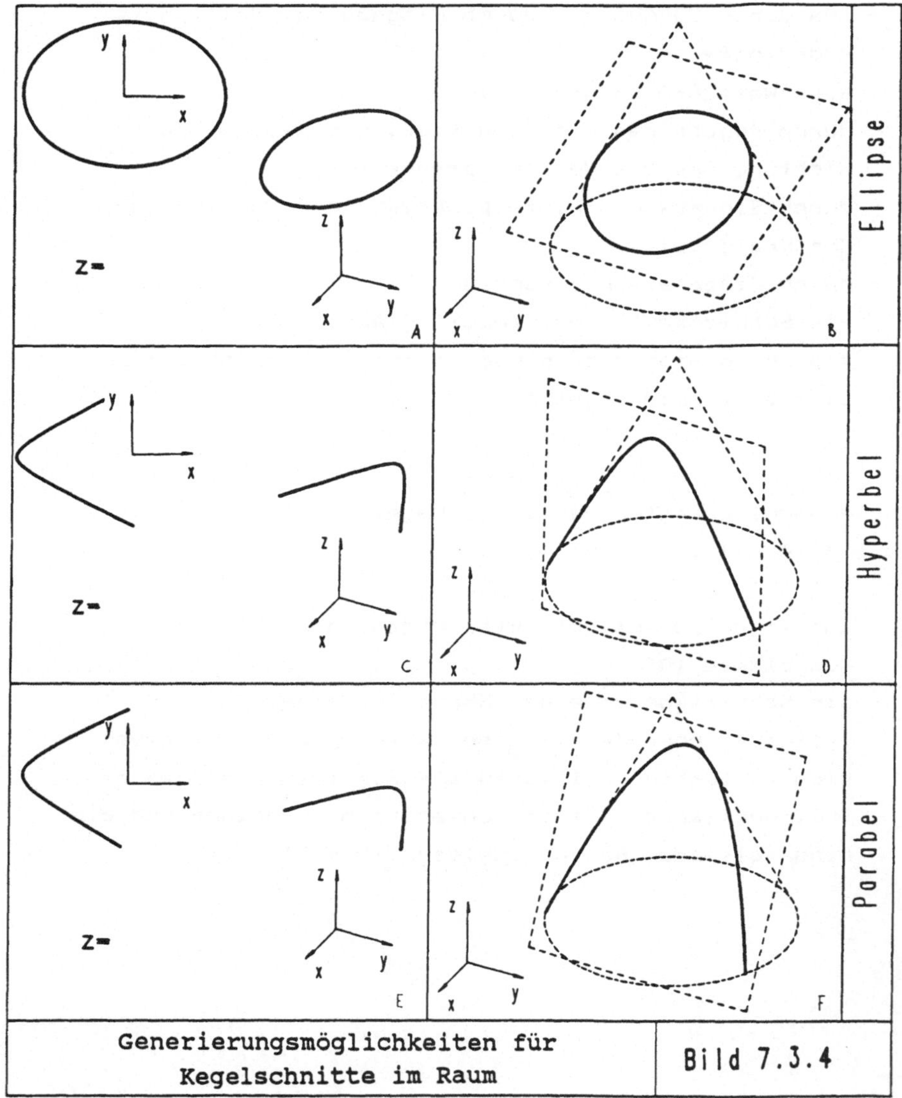

**Generierungsmöglichkeiten für
Kegelschnitte im Raum**

Bild 7.3.4

Erzeugungsmöglichkeiten für Splines (Bild 7.3.5A - E):

- aus einer 2D-Ansicht unter Angabe der dritten
  Koordinate (A)
- aus zwei 2D-Ansichten (B)
- durch mehrere 3D-Punkte (C)

- durch das Zusammenfassen mehrerer Konturelemente zu
  einem Konturelement (D)
- als Schnittkurve(n) zweier Flächen (E)

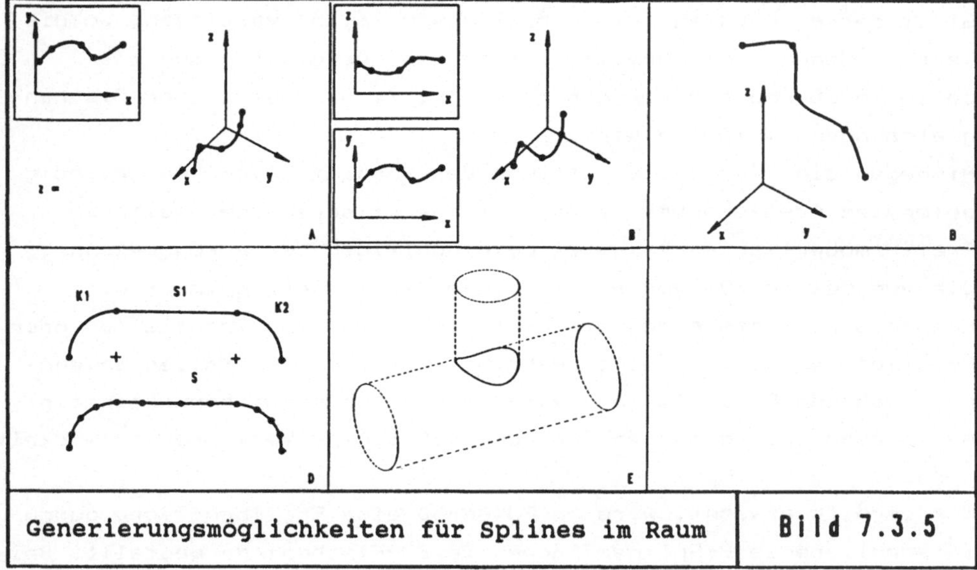

Generierungsmöglichkeiten für Splines im Raum | **Bild 7.3.5**

Es ist erkennbar, daß die meisten Generierungsmöglichkeiten durch
einfache Eingabeoperationen durchführbar sind. Lediglich die Ermittlung von Schnittkurven zwischen Flächen bedarf einer näheren
Untersuchung und soll deshalb an dieser Stelle erläutert werden.

7.3.1 Ermittlung der Schnittkurven von Flächen

Die mit RUKON-3D als Teiloberflächen technischer Gebilde
darstellbaren Oberflachenformen sind:

- Ebene Fläche
- Zylinderfläche
- Kegelfläche
- Kugelfläche
- Torusfläche
- Freiformoberfläche

Zur Ermittlung der Schnittkurven zwischen analytisch beschreibbaren Oberflächen sind in der einschlägigen Literatur eine Reihe von Verfahren bekannt geworden, weshalb an dieser Stelle auf eine neuerliche Diskussion dieser Verfahren verzichtet werden soll. Statt dessen wird auf die Arbeiten von /6,25/ verwiesen, wo die verschiedenen Möglichkeiten miteinander verglichen und als optimale Lösung die Berechnung mit Hilfe parametrischer Flächengleichungen empfohlen wird.

Hingegen sind für die Ermittlung der Schnittkurven von beliebig geformten Freiformoberflächen mit analytischen oder weiteren Freiformoberflächen keine allgemeingültigen Verfahren bekannt. Die von Müller /8/ vorgestellten Verfahren setzen immer die Kenntnis der Entstehung der Freiformfläche (aus Translation oder Rotation) voraus und sind deshalb nicht in allen Fällen anwendbar, während Peng /26/ analytische Flächen nicht berücksichtigt. Aus diesem Grunde mußten für RUKON-3D eigene Verfahren entwickelt werden.

Wie bereits erwähnt, wird in RUKON-3D eine Freiformfläche durch interpolierende B-Spline-Flächen (=IBS-Flächen) dargestellt. Bei der Verwendung dieses Verfahrens liegen als Gestaltdaten der Fläche nur die diese beschreibenden vorgegebenen Stützpunkte vor. Die Gestalt der Fläche erhält man, indem durch die Stützpunkte in beiden Parametrisationsrichtungen interpolierende B-Splines berechnet werden, d.h. eine IBS-Fläche wird durch ihre erzeugenden Splines repräsentiert. Wie Bild 7.3.1.1 zeigt, führt dies zu einer gitterartigen rechnerinternen Darstellung der Fläche, wobei die einzelnen Knoten des Gitters die o.g. Stützpunkte sind, weshalb diese Splines auch Gittersplines genannt werden sollen. Ein Gitterspline stellt immer die Gestalt der Freiformfläche an der Stelle

$$u = u_i, \quad 0 < t < n_t \qquad \text{oder}$$
$$t = t_i, \quad 0 < u < n_u$$
$$\text{mit : } n_t = \text{Anzahl der Stützpunkte in t-Richtung}$$
$$n_u = \text{Anzahl der Stützpunkte in u-Richtung}$$

dar.

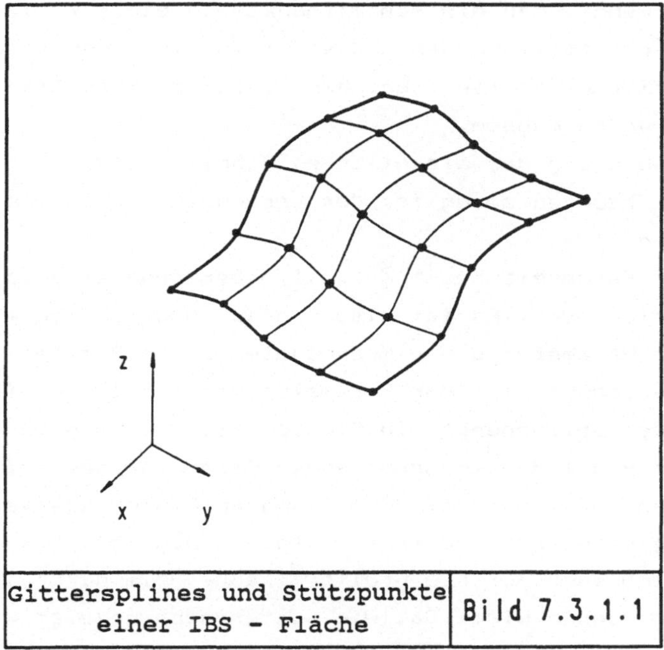

Gittersplines und Stützpunkte einer IBS - Fläche	Bild 7.3.1.1

Infolge der beliebig gekrümmten Gestalt der Freiformoberflächen
können auch die zu ermittelnden Schnittkurven beliebige Gestalt
annehmen. Solche Kurven können in RUKON-3D nur durch B-Splines
dargestellt werden, zu deren eindeutiger Beschreibung wiederum
Stützpunkte benötigt werden. Für die zu entwickelnden Verfahren
bedeutet dies, daß in geeigneter Weise eine genügende Anzahl von
Stützpunkten ermittelt werden muß, mit Hilfe derer die jeweilige
Schnittkurve als B-Spline darstellbar ist.

7.3.2 Schnittkurven von Ebene und Freiformfläche

Nach den vorherigen Ausführungen liegt es nahe, zur Ermittlung
der Schnittkurve zwischen einer Ebene und einer Freiformfläche
die Gittersplines mit der Ebene zu schneiden. Bei dieser
Vorgehensweise können aber auf einem Gitterspline Stützpunkte
entstehen, die zu verschiedenen Schnittkonturen gehören, da
infolge der beliebigen Gestalt von Freiformflächen die Anzahl der
sich ergebenden Schnittkonturen theoretisch beliebig groß sein

kann. Man erkennt, daß die Schnittpunkte in einer willkürlichen
Reihenfolge ermittelt werden und somit in einem nachgeschalteten
Sortieralgorithmus sortiert und den einzelnen Schnittkonturen
zugeordnet werden müssen.

Vor der Erläuterung der eigentlichen Schnittalgorithmen müssen
einige Betrachtungen bezüglich der verwendeten B-Splines ange-
stellt werden.

Ein nach der Beschreibung in Kap.5.1.3 berechneter B-Spline liegt
in Parameterform vor. Es ist also einfach möglich, zu einem
vorgegebenen Parameter u die Koordinaten eines Punktes auf dem
Spline zu berechnen. Ist der Parameter ganzzahlig, so ist laut
Definition der Splinepunkt ein Stützpunkt. Will man zu einem
vorgegebenen Punkt den entsprechenden Parameter des Splines
ermitteln, so führt dies zu nichtlinearen Gleichungssystemen,
deren Lösung schwierig und sehr zeitaufwendig ist. Das gleiche
gilt natürlich auch für die Freiformfläche, die durch diese
Splines beschrieben wird. Da, wie später noch gezeigt wird, zum
Sortieren der Schnittpunkte die Parameter u und t der Freiformfläche für jeden Schnittpunkt bekannt sein müssen, wird in dem
entwickelten Verfahren jeder Schnittpunkt stets zusammen mit den
zugehörigen Parametern berechnet.

Ein direktes Verfahren zur Schnittpunktbestimmung, wie etwa für
die Ermittlung des Schnittpunktes zwischen einer Ebene und einer
Geraden, existiert für das Problem Ebene - Spline nicht. Aus
diesem Grund werden die Gittersplines in eine Folge kleiner
Strecken aufgeteilt, wobei das Schnittverfahren iterativ arbeitet
und die Länge der Strecken je nach vorliegender Situation
variiert. Zur Definition der Strecken ist es günstig, mit zwei
Parameterwerten zwei Splinepunkte P1 und P2 zu berechnen, sodaß
eine Strecke immer einem Parameterintervall des Splines entspricht (Bild 7.3.2.1).

Zum einen liegt das Geradenstück unmittelbar in der 2-Punkte-Form
einer Geraden vor, zum anderen sind die Parameter zu beiden
Splinepunkten bekannt, da sie ja mit Hilfe dieser Parameter berechnet wurden. Hierdurch ist es möglich, die Berechnung der
Schnittpunkte zwischen Ebene und Spline mit Hilfe eines iterati-
ven Verfahrens durchzuführen, das auf der einfachen Ermittlung

des Schnittpunktes zwischen einer Ebene und einer Geraden
basiert.

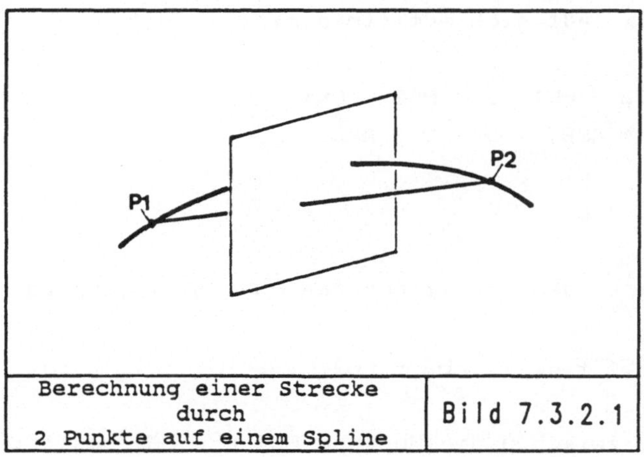

| Berechnung einer Strecke durch 2 Punkte auf einem Spline | Bild 7.3.2.1 |

Bei der Berechnung des Schnittpunktes zwischen Ebene und Gerade
ist es für das nachfolgende Sortierverfahren nötig, neben den
Schnittpunkt-Koordinaten auch den zugehörigen Parameter festzustellen. Ein Parameterwert liegt jeweils durch die Parameterrich-
tung u oder t, in der der Spline erstreckt ist, fest. Der andere
Parameterwert ergibt sich durch die Ermittlung des Schnittpunktes
zwischen Spline bzw. Gerade und Ebene.

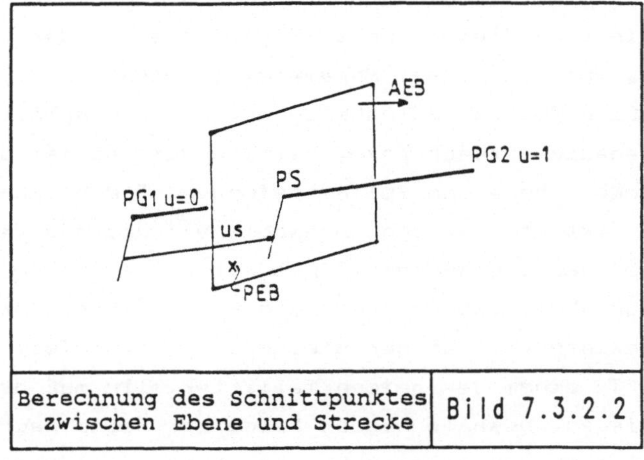

| Berechnung des Schnittpunktes zwischen Ebene und Strecke | Bild 7.3.2.2 |

Wie Bild 7.3.2.2 zeigt, liegt die Ebene als Ortsvektor **PEB** und Normalenvektor **AEB**, die Gerade in Form von zwei Ortsvektoren **PG1** und **PG2** vor. Der auf die jeweilige Strecke bezogene, relative Parameter u_s läßt sich ermitteln mit:

$$A = PEB - PG1, \quad B = PG2 - PG1$$
$$C = A * AEB, \quad D = B * AEB$$

zu

$$u_s = C / D$$

Der Ortsvektor des Schnittpunktes **PS** ergibt sich zu:

$$PS = PG1 + u_s * (PG2 - PG1)$$

Die Strecke zwischen den Punkten PG1 und PG2 besitzt nur dann einen Schnittpunkt mit der Ebene, wenn der Wert des Parameters im Bereich des Intervalls [0,1] liegt.

Es werden nun alle Intervalle zwischen den Stützpunkten des Splines einzeln und nacheinander untersucht. Die Randpunkte des jeweiligen Intervalls sind die Begrenzungspunkte PG1 und PG2 der Strecken, die wiederum den Spline-Parametern u_1 und u_2 entsprechen. Mit Hilfe der o.g. Formeln wird geklärt, ob ein Schnittpunkt vorhanden ist. Sollte sich in keiner Strecke ein Schnittpunkt ergeben, ist die Suche ohne Erfolge beendet.

Ist in einem Intervall ein Schnittpunkt zwischen Ebene und Gerade gefunden, liegt zu diesem Punkt PS gleichzeitig der zugehörige Parameter u_s vor. Zu diesem Parameter u_s wird ein Splinepunkt PUS berechnet. Sind PUS und PS nahe genug, d.h. innerhalb einer vorgegebenen Genauigkeitsschranke, beieinander, so ist der Schnittpunkt zwischen Ebene und Spline gefunden. Dieser Punkt und sein zugehöriger Parameter werden abgespeichert und das Verfahren fährt mit der nächsten Strecke fort.

Ist die Genauigkeit zwischen PUS und PS noch nicht erreicht, wird das Parameterintervall an der Stelle u_s in zwei Teilintervalle aufgeteilt. In einem der beiden Teilintervalle muß der Schnittpunkt nun liegen. Deshalb werden beide der Reihe nach untersucht, was wiederum nach dem bereits beschriebenen Verfahren geschieht:

- Endpunkte des Intervalls bestimmen und damit die Gerade
- Berechnung des Schnittpunktes PS mit dem Parameter u.
- Berechnung des Splinepunktes PUS zu dem Parameter u.
- Vergleich der Punkte PS und PUS
- weitere Aufteilung des Intervalls, bis beide Punkte
  nahe genug beieinander liegen

Diese Schritte werden solange durchgeführt, bis der gesamte
Gitterspline mit der Ebene geschnitten wurde.

Wie bereits einleitend erwähnt, genügt es leider nicht, nur die
Schnittpunkte zwischen Ebene und den Gittersplines der Freiformfläche zu bestimmen, vielmehr müssen nachfolgend die Schnittpunkte den einzelnen Schnittkurven zugeordnet und sortiert
werden.
Dieses Sortierverfahren benutzt folgende einfache Überlegung, daß
in der Parameterebene eine Schnittkontur, die in einen Bereich
der Freiformfläche hineingeht, dort endet oder wieder hinausgeht
(s. Bild 7.3.2.4). Ausgehend von einem Schnittpunkt ist das
Finden des nächsten Schnittpunktes also wie folgt moglich:
Zu einem gegebenen Schnittpunkt wird in der Parameterebene ein
Suchbereich erzeugt, der die nächstliegenden Gittersplines
umfaßt. Die Parametergrenzen dieses Suchbereichs werden so
definiert, daß sie den nächsten ganzen Zahlen entsprechen. Das
Beispiel in Bild 7.3.2.3 mag dies verdeutlichen.
Der Ausgangspunkt hat die Parameter u = 2,5 und t = 3. Die
Parametergrenzen des Suchbereichs ergeben sich dann zu:

$$u \in [2,3], \quad t \in [2,4]$$

Der in diesem Suchbereich liegende und noch nicht gefundene
Schnittpunkt ist der nächste Schnittpunkt. Somit ist es möglich,
sich von einem Schnittpunkt zum nächsten fortzubewegen, die
Schnittkontur zu verfolgen und die Schnittpunkte so zu ordnen,
daß sie als Stützpunkte für einen B-Spline verwendet werden
konnen.

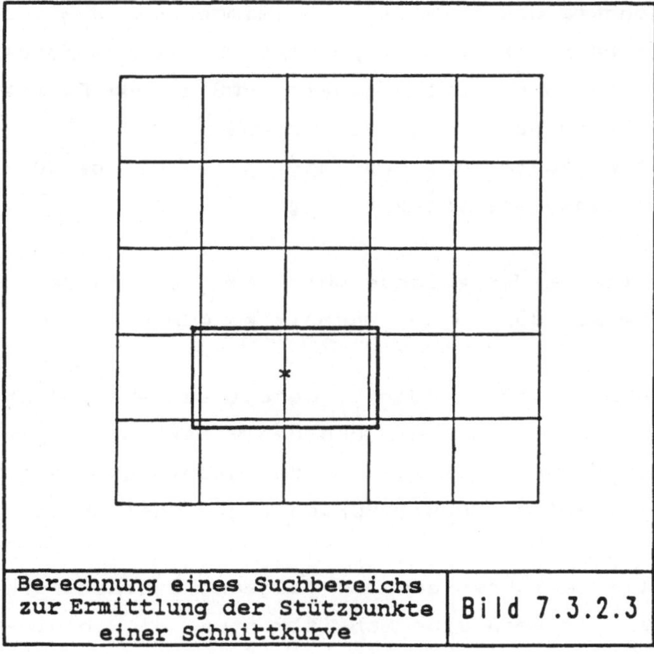

Berechnung eines Suchbereichs zur Ermittlung der Stützpunkte einer Schnittkurve	Bild 7.3.2.3

Eine weitere Aufgabe des Sortier-Verfahrens ist es, zu entschei
den, ob es sich um eine offene oder eine geschlossene Schnittkontur handelt. Hilfreich ist hierzu die Überlegung, daß eine
offene Kontur stets zwei Endpunkte besitzt, die auf dem Rand der
Freiformfläche liegen. Diese Punkte können anhand ihrer
Parameterwerte bereits während der Ermittlung der Schnittpunkte
erkannt und besonders gekennzeichnet werden. Insgesamt können die
Schnittpunkte nach folgendem Verfahren sortiert werden:
Alle Schnittpunkte werden im Rahmen der Ermittlung der einzelnen
Schnittpunkte mit den zugehörigen Parametern und mit einer Randkennung versehen, wenn sie auf dem Rand der Freiformfläche lie-
gen. Zu Beginn wird nun diese ungeordnete Punktmenge nach einem
Punkt mit einer Randkennung durchsucht. Wird ein solcher Punkt
gefunden, kann die zugehörige Schnittkontur mittels des oben
beschriebenen Verfahrens verfolgt werden. Der letzte Punkt dieser
Kontur muß wiederum eine Randkennung besitzen (Bild 7.3.2.4).
Dieses Vorgehen wird solange fortgeführt, bis kein Punkt mit
einer Randkennung mehr gefunden werden kann. Liegen nun noch
Schnittpunkte vor, die keiner Schnittkontur zugeordnet werden
konnten, so müssen ebenfalls geschlossene Schnittkonturen

vorliegen. Zur Verfolgung dieser Schnittkonturen wird nun ein
beliebiger, noch nicht abgehandelter Punkt mit einer besonderen
Kennung versehen. Von diesem Punkt aus wird die Verfolgung
solange durchgeführt, bis der Punkt mit der Sonderkennung wieder
erreicht wird. Der gesamte Sortiervorgang ist beendet, wenn alle
gefundenen Schnittpunkte Schnittkonturen zugeordnet wurden.

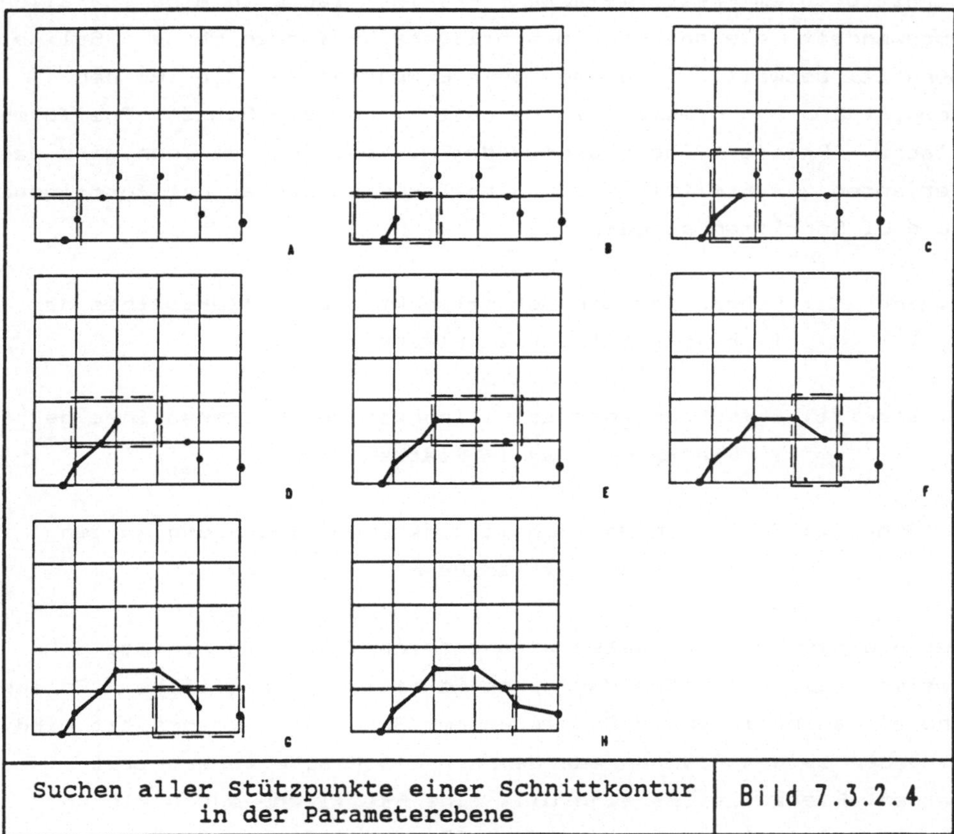

Suchen aller Stützpunkte einer Schnittkontur in der Parameterebene — Bild 7.3.2.4

7.3.3 Schnittkurven von zwei Freiformflächen

Es mag an dieser Stelle verwundern, daß vor der Behandlung des
Schneidens anderer analytisch beschreibbarer Flächen mit
Freiformflächen die doch weitaus komplexere Methode zur
Ermittlung der Schnittkurven zwischen zwei Freiformflächen
abgehandelt wird. Hierfür gibt es folgenden Grund:

Da sich zwei Freiformflächen schneiden können, ohne daß sich ihre
Gittersplines schneiden, ist es nicht möglich, das Problem auf
die Ermittlung der Schnittpunkte der Gittersplines zu reduzieren.
Weiterhin kann eine Freiformfläche kann nicht als geschlossene
Fläche abgehandelt werden, sondern muß geeignet angenähert
werden. Diese Annäherung geschieht durch Ebenen. Damit wird das
Schnittproblem Freiformfläche – Freiformfläche in eine Iteration
umgewandelt, die das oben beschriebene Verfahren Ebene – Spline
benutzt. Desweiteren können viele Erkenntnisse, die für den
Schnitt Ebene – Freiformfläche gelten, auf den Schnitt Freiformfläche – Freiformfläche angewendet werden. Im einzelnen wird das
Verfahren zur Ermittlung der Schnittkurven zweier Freiformflächen
in drei Schritten ausgeführt:

1. Schritt: Berechnung der Schnittpunkte der Gittersplines der
            1. Fläche mit der 2. Fläche

2. Schritt: Berechnung der Schnittpunkte der Gittersplines der
            2. Flache mit der 1. Fläche

3. Schritt: Sortieren der Schnittpunkte und Zuordnung zu den
            einzelnen Schnittkonturen

Durch diese Vorgehensweise wird erreicht, daß der direkte Schnitt
zweier Freiformflächen durch den Schnitt Freiformfläche – Spline
und ein anschließendes Sortieren der Schnittpunkte ersetzt wird.
Eine der beiden Flächen muß demnach als Fläche verarbeitet
werden. Hierzu ist es sinnvoll, eine Freifläche durch kleine
einzelne Teilflächen anzunähern. Diese Teilflächen sollen die
Fläche beliebig genau annähern können, an beliebigen Stellen der
Fläche erzeugbar sein und der Vergitterung und der innerhalb des
Gitters möglichen, beliebigen Krümmungen der Fläche Rechnung
tragen. Dies ist jedoch mit einzelnen Ebenen nur möglich, indem
man eine Freiformfläche durch eine extrem große Zahl von Ebenen
annähert, was zu entsprechend langen Rechenzeiten führen würde.

Hingegen bietet es sich an, jeweils einen durch 4 Stützpunkte
festgelegten Teilbereich der Fläche durch vier Ebenen, die
zusammen ein Tetraeder darstellen, anzunähern (Bild 7.3.3.1).

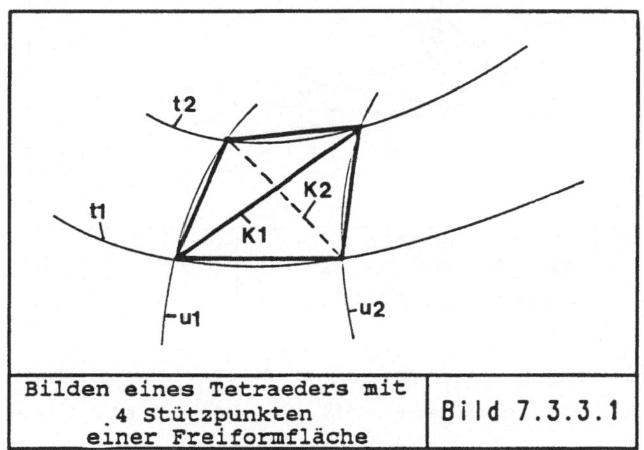

Bilden eines Tetraeders mit .4 Stützpunkten einer Freiformfläche	Bild 7.3.3.1

Von den vier Eckpunkten eines solchen Tetraeders Punkten besitzen
jeweils zwei den gleichen u- oder t-Parameter. Zusammen entsprechen sie also lediglich den vier Parametern u_1, t_1, u_2, t_2, sodaß in
diesem Fall ein Tetraeder im Raum einen rechteckigen Parameterbereich in der Parameterebene der Freiformfläche darstellt.
Von den vier Ebenen besitzen je zwei eine gemeinsame Kante K1
bzw. K2, die in der Parameterebene einer Diagonalen in dem
jeweiligen rechteckigen Parameterbereich entspricht. Anschaulich
kann man sagen, daß es zwei Ebenen gibt, die "oben" liegen und 2
Ebenen, die "unten" liegen.
Eine Kurve, die die Freifläche schneidet, muß den Tetraeder in je
einer oberen und einer unteren Ebene in den Punkten S1 und S2
schneiden. Würde die Kurve nur in oberen bzw. unteren Ebenen den
Tetraeder schneiden, so läge die Kurve oberhalb bzw. unterhalb
der Freiformfläche (Bild 7.3.3.2).
Zur Berechnung aller Schnittpunkte einer Freiformfläche mit einem
Spline untersucht das Verfahren nun, ob in einem Tetraeder zwei
Schnittpunkte S1 und S2 mit dem Spline gefunden werden können.
Diese Schnittpunkte werden mit Hilfe des in Kap.7.3.2 erläuterten
Verfahrens zusammen mit ihren zugehörigen Parametern u_1', u_2', t_1'

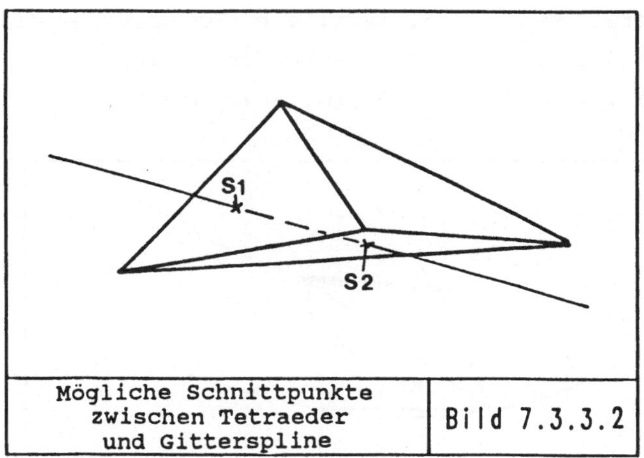

| Mögliche Schnittpunkte zwischen Tetraeder und Gitterspline | Bild 7.3.3.2 |

und t_2' bestimmt. Im arithmetischen Mittelwert dieser Parameter
wird ein Punkt PUS der Freiformfläche berechnet. Liegen S1, S2
und PUS nahe genug beieinander, ist PUS ein Schnittpunkt zwischen
Freiformfläche und Spline. Ist die Genauigkeit noch nicht erreicht, so werden die Parameter $u_1'...t_2'$ zur Erzeugung eines
neuen Tetraeders benutzt. Wiederum wird zwischen diesem nun
kleineren Tetraeder und dem Spline ein Schnitt gesucht. Wird
keiner gefunden, so wird der Tetraeder etwas vergrößert, solange,
bis wieder ein Schnitt auftritt. Mit diesem Schnittpunkt und
seinen Parametern kann nun wieder die Genauigkeitsabfrage
erfolgen (Bild 7.3.3.3).

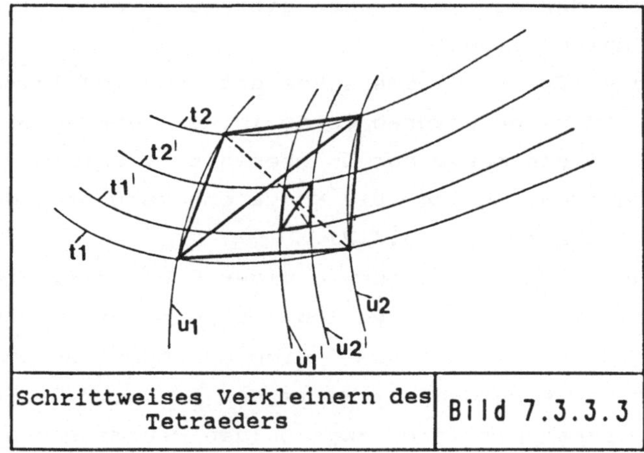

| Schrittweises Verkleinern des Tetraeders | Bild 7.3.3.3 |

Ist der Schnittpunkt genau genug bestimmt, wird er abgespeichert
und der nächste Tetraeder durch vier Stützpunkte der Freiform-
fläche bestimmt.
Auf diese Weise erhält man eine Anzahl von Stützpunkten der zu
ermittelnden Schnittkurve in beliebiger Reihenfolge, die zur
Bestimmung der sich ergebenden Schnittkurve(n) nach dem in
Kap.7.3.2 beschriebenen Verfahren sortiert und in Form von
B-Splines dargestellt werden können.

7.3.4 Schnittkurven von einer Freiformfläche und einer
Zylinder-, Kegel-, Kugel- oder Torusfläche

Die Ausführungen in den vorherigen Kapiteln machten deutlich, daß
zur Ermittlung von Schnittkurven zwischen Freiformflächen und
beliebigen anderen Flächen diese Freiformflachen immer in einzelne Gittersplines zerlegt werden. Diese Gittersplines werden
dann mit der jeweils anderen Fläche geschnitten. Ähnlich verhält
es sich auch bei der Ermittlung von Schnittkurven zwischen einer
Freiformflache und gekrummten, analytisch beschreibbaren Flächen.
Da sich die Berechnung der Schnittpunkte zwischen einem Spline
und einer Fläche wiederum stets auf das Problem der Schnittpunkt-
ermittlung zwischen einer Geraden und einer Fläche zuruckführen
läßt, müssen hierzu lediglich mathematische Berechnungsformeln
gefunden werden, die die Schnittpunkte zwischen einer Geraden und
einer Zylinder-, Kegel-, Kugel- oder Torusfläche ergeben. Die im
folgenden verwendeten Gleichungen sind den Bildern 5.1.2 (=Be-
schreibungsformen für analytische Kurven) und 5.2.3 (=Beschrei-
bungsformen fur analytische Flächen) entnommen.

<u>Schnittpunkte Gerade - Zylinderfläche</u>

$$\text{Zylinder :} \qquad (\mathbf{x} - \mathbf{x}_z) \times \mathbf{n}_z \; - R = 0 \qquad\qquad (1)$$

mit : $\mathbf{x}$ = Ortsvektor eines beliebigen Punktes
        auf der Zylinderfläche

     $\mathbf{x}_z$ = Ortsvektor eines Punktes auf der
        Zylinderachse

     $\mathbf{n}_z$ = Richtungsvektor der Zylinderachse

$$R = \text{Radius des Zylinders}$$

$$\text{Gerade} \quad : \quad x = x_G + p \cdot n_G \tag{2}$$

mit :
- x = Ortsvektor eines beliebigen Punktes auf der Geraden
- x_G = Ortsvektor eines bestimmten Punktes der Geraden
- p = Parameter
- n_G = Richtungsvektor der Geraden

(2) in (1) eingesetzt und quadriert ergibt:

$$((x_G \times n_z) + p \cdot (n_G \times n_z) - (x_z \times n_z))^2 = R^2$$

Ausmultiplizieren und Substituieren ergibt eine quadratische Gleichung:

$$A \cdot p^2 + B \cdot p + C = 0$$

mit:
$$A = v_1 * v_1$$
$$v_1 = n_G \times n_z$$
$$B = 2 \cdot (v_1 * v_2 - v_1 * v_3)$$
$$v_2 = x_G \times n_z$$
$$v_3 = x_z \times n_z$$
$$C = v_2^2 + v_3^2 - 2v_1 * v_3 - R^2$$

Die Lösung dieser Gleichung mit den aus der Literatur bekannten Verfahren ergibt keine, eine oder 2 Werte für den Parameter p. Durch Einsetzen dieser Parameterwerte in Gleichung (2) erhält man den Ortsvektor, d. h. die Koordinaten der Schnittpunkte.

Schnittpunkte Gerade – Kegelfläche

$$\text{Kegel} \quad : \quad (x - x_s) * n_k = x - x_s \cdot \cos^2 \tag{3}$$

mit :
- x = Ortsvektor eines beliebigen Punktes der Kegelfläche
- x_s = Ortsvektor des Kegelspitzenpunktes
- n_k = Richtungsvektor der Kegelachse
- $\cos$ = halber Kegelöffnungswinkel

(2) in (3) eingesetzt und quadriert ergibt:

$$((x_g + p \cdot n_g - x_e) * n_k)^2 =$$
$$(x_g + p \cdot n_g - x_e)^2 \cdot \cos^2$$

Ausmultiplizieren und Substituieren führt wieder zu der quadratischen Gleichung:

$$A \cdot p^2 + B \cdot p + C = 0$$

mit : $A = v_1^2 - v_2 \cdot \cos^2$

$\qquad v_1 = n_g * n_k$

$\qquad v_2 = n_g * n_g$

$B = 2 \cdot (v_1 * v_3 - v_1 * v_4 - (v_5 - v_6) \cdot \cos^2\ )$

$\qquad v_3 = x_g * n_k$

$\qquad v_4 = x_e * n_k$

$\qquad v_5 = x_g * n_g$

$\qquad v_6 = x_e * n_g$

$C = v_3^2 - 2v_3 * v_4 + v_4^2 -$
$\qquad\qquad (v_7 - 2v_8 + v_9) \cdot \cos^2$

$\qquad v_7 = x_g * x_g$

$\qquad v_8 = x_g * x_e$

$\qquad v_9 = x_e * x_e$

Die Koordinaten der Schnittpunkte erhält man auf die gleiche Weise wie bei der Ermittlung der Schnittpunkte zwischen Zylinderfläche und Gerade.

Schnittpunkte Gerade - Kugelfläche

Kugel : $(x - x_m)^2 - R^2 = 0$ $\hfill$ (4)

$\quad$ mit : x = Ortsvektor eines beliebigen Punktes der
$\qquad\qquad$ Kugelfläche

$\qquad\quad x_m$ = Ortsvektor des Kugelmittelpunktes

$\qquad\quad R$ = Radius der Kugel

(2) in (4) eingesetzt und quadriert ergibt:

$$(x_g + p \cdot n_g - x_m)^2 = R^2$$

Ausmultiplizieren und Substituieren führt wiederum zu der quadratischen Gleichung:

$$A \cdot p^2 + B \cdot p + C = 0$$
$$\text{mit : } A = n_g * n_g$$
$$B = 2 \cdot (x_g * n_g - n_g * x_m)$$
$$C = x_g * x_g - 2x_g * x_m + x_m * x_m - R_2$$

Die Koordinaten der Schnittpunkte erhält man auf die gleiche Weise wie bei der Ermittlung der Schnittpunkte zwischen Zylinderfläche und Gerade.

Die Torusfläche stellt innerhalb der analytisch beschreibbaren Flächen einen Sonderfall dar, da sie mehrfach gekrümmt und ihr zugehöriges Polynom von der Ordnung 4 ist. Bei der analytischen Ermittlung der Schnittpunkte zwischen einer Geraden und einer Torusfläche erhält man somit eine Gleichung 5. Ordnung, deren Lösung nur noch iterativ erfolgen kann. Es bietet sich jedoch an, für derartige Berechnungen eine Torusfläche durch eine Freiformfläche anzunähern, sodaß die Ermittlung der Schnittkurven auf die oben beschriebene Weise erfolgen kann. Durch dieses Vorgehen hat man gleichzeitig ein Verfahren geschaffen, die Schnittkurven zwischen den anderen analytisch beschreibbaren Flächen und einer Torusfläche zu ermitteln. Andere Verfahren sind hierfür in der einschlägigen Literatur bisher nicht bekannt geworden.

Die Leistungsfähigkeit der entwickelten Verfahren wird im Anhang in Kapitel 12 anhand einiger Beispiele demonstriert.

8. Gestaltänderung technischer Gebilde

Ein wichtiges Resultat der Konstruktionsmethodeforschung ist die
Erkenntnis, daß die Gestalt eines technischen Gebildes durch
sechs Parameter eindeutig festgelegt wird:

- Abmessung
- Zahl
- Form
- Lage
- Anordnung oder Reihenfolge
- und Verbindungsstruktur

Da ein technisches Gebilde per Rechner nur mit Hilfe eines
Volumenmodells dargestellt werden kann, sollen sich die weiteren
Ausführungen auf dieses Modell beschranken.
Voraussetzung zur Automatisierung von Gestaltungsprozessen als
Teil der Automatisierung ganzer Konstruktionsprozesse ist die
automatische Variation einzelner oder mehrerer dieser Gestaltparameter mit Hilfe geeigneter Algorithmen. Trotzdem diese Erkenntnis bereits vor längerer Zeit von Koller /3/ gemacht wurde,
existieren zur Zeit noch keine allgemeingultigen Algorithmen, die
derartige Gestaltvariationen direkt am dreidimensionalen Objekt
erlauben, was u.a. mit der Komplexität der entsprechenden Algorithmen zu begründen ist.
Infolge der in der konventionellen Konstruktion häufig benötigten
Maßvarianten von Bauteilen oder Baugruppen - man denke hierbei
nur an die Normreihen für Schrauben -, die ja im Prinzip durch
Variation bestimmter Abmessungen generiert werden, wurden mehrere
Verfahren entwickelt, die einen Abmessungswechsel zweidimensional
dargestellter technischer Gebilde nach der Eingabe der neuen Maße
automatisch durchfuhren. Gestaltelemente zweidimensional dargestellter technischer Gebilde sind immer nur Linien und Punkte.
Zwar konnen hiermit Darstellungen in mehreren Ansichten erzeugt
werden, jedoch besitzen die Linien und Punkte einer Ansicht keinerlei Bezug zu denjenigen einer anderen Ansicht. Ist ein technisches Gebilde also in mehreren Ansichten dargestellt, so muß

zum Beispiel für einen durchzuführenden Abmessungswechsel vom Konstrukteur das zu ändernde Maß in jeder Ansicht, in der es dargestellt ist, identifiziert und mit neuen Werten versehen werden. Der Algorithmus zur Veränderung der Linien und Punkte infolge der Maßänderung läuft daraufhin für jede Ansicht getrennt ab. Sollte der Konstrukteur "vergessen" haben, ein geändertes Maß in allen Ansichten zu ändern, ist die entstandene Darstellung des technischen Gebildes fehlerhaft.

Zur Verdeutlichung dieser Problematik soll das Beispiel in Bild 8.1 dienen. Bei diesem, in 3 Ansichten dargestellten Bauteil sind die Maße a bis f vom Konstrukteur bestimmt, alle anderen Maße ergeben sich daraus. Ändert nun der Konstrukteur ein Maß (z.B. das Maß "a"), so muß er dieses Maß in der Vorderansicht und in der Seitenansicht ändern, obwohl es sich in beiden Fällen um die Darstellung des gleichen Gestaltelementes handelt.

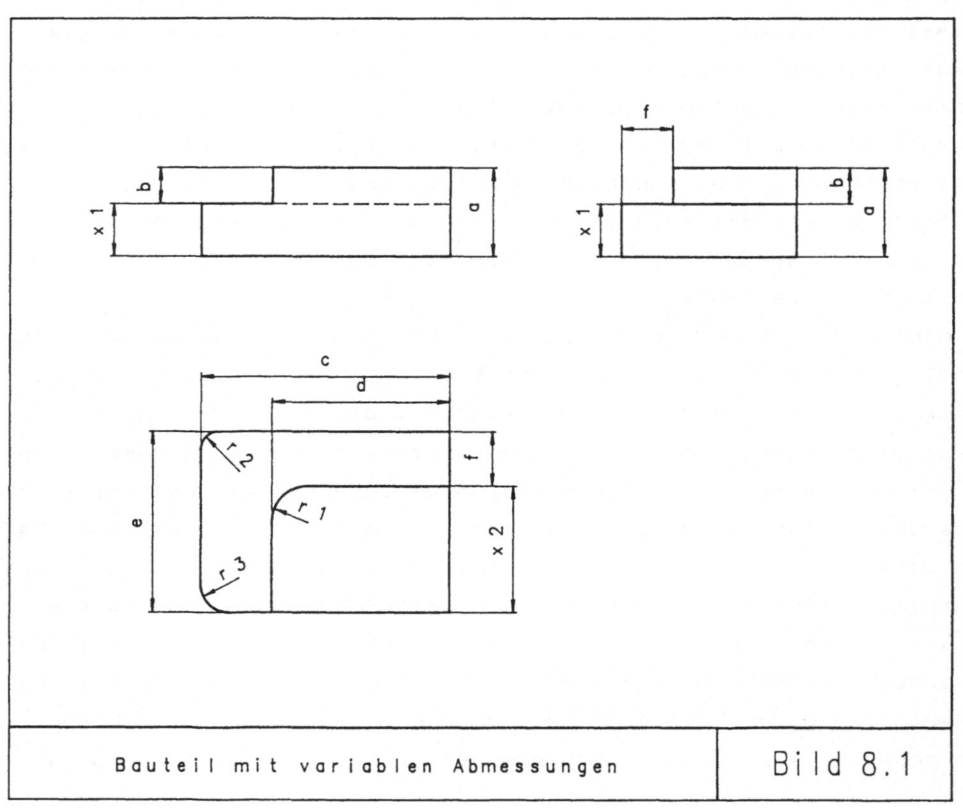

Bauteil mit variablen Abmessungen Bild 8.1

Dies alles läßt sich vermeiden, wenn die Möglichkeit geschaffen
wird, direkt am dreidimensionalen, realen technischen Gebilde
Maße zu ändern. Ohne den Ausführungen in Kap.9 vorzugreifen, kann
hier bereits erwähnt werden, daß bei der Darstellung eines realen
dreidimensionalen technischen Gebildes solche Mehrdeutigkeiten in
Ansichten nicht vorkommen können, da zur Erzeugung der Darstellungen in den Ansichten immer die gleichen geometrischen Gestaltelemente verwendet werden und die gezeichneten Linien und Punkte
die Darstellung realer Teiloberflächen sind. Aus diesem Grund
bietet es sich an, ein Verfahren zu entwickeln, daß solche
Gestaltänderungen direkt am dreidimensionalen technischen Gebilde
ermöglicht.
Exemplarisch soll an dieser Stelle eine Methode beschrieben werden, mit der der Abmessungswechsel eines dreidimensionalen, realen Bauteils mit Hilfe eines 3D-CAD-Systems automatisiert werden
kann.

8.1 Abmessungswechsel dreidimensionaler Bauteile

In /1/ ist der allgemeine Abmessungswechsel als eine Möglichkeit
der Gestaltänderung technischer Gebilde folgendermaßen definiert:

"Unter einem Abmessungswechsel an Bauteilen und Baugruppen ist
 das Entwickeln alternativer Gestaltvarianten von Bauteilen und
 Baugruppen durch Ändern der Abmessungen oder Abstände von Wirkflächen von Bauteilen und Baugruppen zueinander oder bezogen auf
 einen Bezugspunkt zu verstehen, ohne dadurch die Funktion des
 betreffenden Gebildes zu verändern. Die dadurch zu gewinnenden
 Gestaltvarianten müssen alle ein und derselben Aufgabenstellung
 genügen. Eine Abmessung zu null oder unendlich werden zu lassen,
 sei aus praktischen Gründen nicht als Abmessungswechsel bezeichnet."

Nun ist bekannt, daß die Gestaltelemente eines Bauteils seine begrenzenden Oberflächen, die Gestaltelemente der Oberflächen die
diese begenzenden Konturelemente und die Gestaltelemente der
Konturelemente die diese begrenzenden Punkte sind. Weiterhin ist
die Überlegung hilfreich, daß man die Konturelemente, die die
einzelnen Teiloberflächen begrenzen, nicht nur als einfache, mit
den Hilfsmitteln der analytischen Geometrie beschriebene geometrische Gebilde betrachten kann, sondern als den geometrischen
Ort, an dem sich zwei beliebig geformte Flächen schneiden. Dies
wiederum führt zu der Erkenntnis, daß durch die eindeutig festgelegten Gestaltparameter der Teiloberflächen bei bekannter Gestaltstruktur eines Bauteils die Gestaltvariation durch die
Variation der Gestaltparameter der Teiloberflächen durchgeführt
werden kann. Die Teiloberflächen, die vor der Gestaltänderung
aneinander grenzten, müssen auch nachher aneinander grenzen,
sodaß vorgegeben ist, zwischen welchen Flächen zur Ermittlung der
neuen berandenden Konturelemente Schnittkurven berechnet werden
müssen.
Zur Ermittlung der Regeln, nach denen ein Abmessungswechsel auf
der Basis der Veränderung der Abmessungen der begrenzenden Teiloberflächen ablaufen kann, muß zunächst festgestellt werden,

durch welche Parameter die möglichen Flächenformen eindeutig
beschrieben werden. Hierzu werden die Flächendatensätze der im
Volumenmodell von RUKON-3D möglichen Flächenformen betrachtet:

Ebene: - Normierter, vom Material wegzeigender Normalen-
               vektor (**NE**)

             - Koordinaten eines Punktes auf der Ebene (Bild 8.1.1)

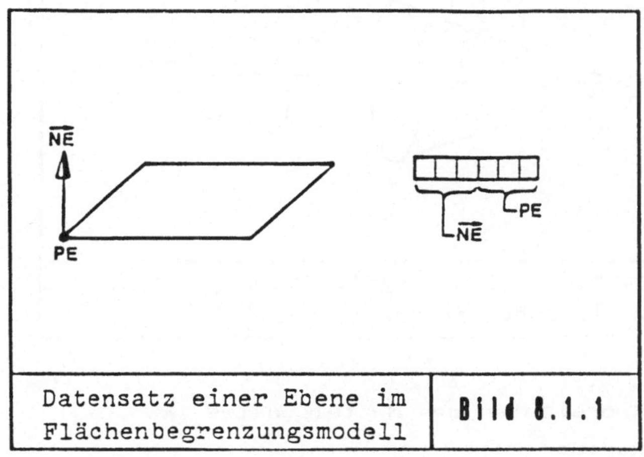

Datensatz einer Ebene im Flächenbegrenzungsmodell | **Bild 8.1.1**

Zylinder: - normierter Achsvektor (**AZ**)

             - Koordinaten eines Punktes (PZ) auf der Achse

             - Kennzeichnung "hohl"/"voll" (Bild 8.1.2)

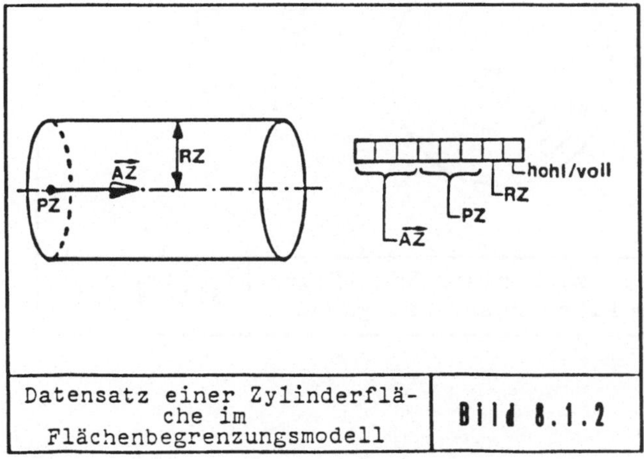

Datensatz einer Zylinderfläche im
Flächenbegrenzungsmodell | **Bild 8.1.2**

Kegel: – normierter Achsvektor (**AK**)

                      – Koordinaten des Kegelspitzenpunktes (PK)

                      – Kegelöffnungswinkel (PHI)

                      – Kennzeichnung "hohl"/"voll" (Bild 8.1.3)

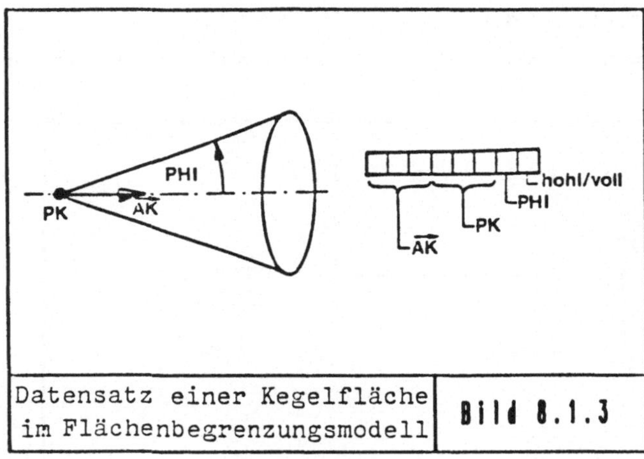

Datensatz einer Kegelfläche im Flächenbegrenzungsmodell	Bild 8.1.3

Kugel: – Koordinaten des Mittelpunktes (PS)

                      – Radius (RK)

                      – Kennzeichnung "hohl"/"voll" (Bild 8.1.4)

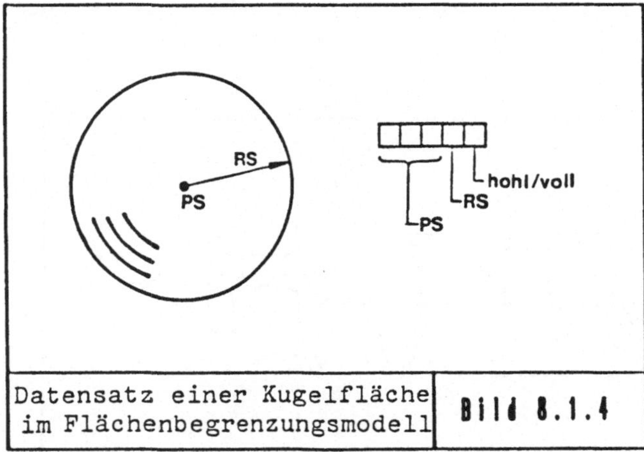

Datensatz einer Kugelfläche im Flächenbegrenzungsmodell	Bild 8.1.4

Torus: – normierter Achsvektor (**NT**)

– Koordinaten des Mittelpunktes (**PT**)

– Rotationsradius (**RT**) und Querschnittsradius (**RAT**)

– Kennzeichnung "hohl"/"voll" (Bild 8.1.5)

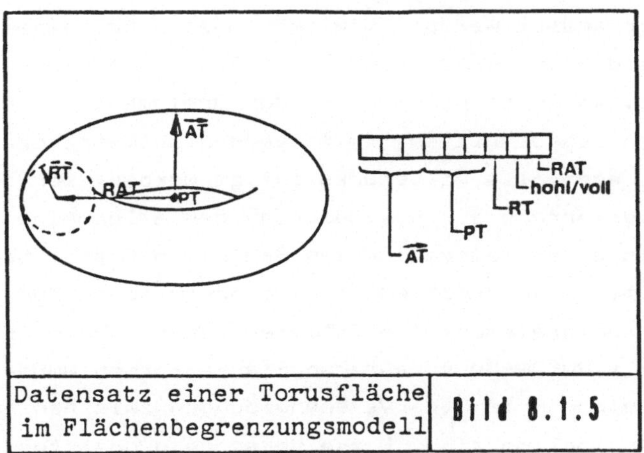

| Datensatz einer Torusfläche im Flächenbegrenzungsmodell | **Bild 8.1.5** |

B-Spline-Flächen: – Ordnung in u- und t-Richtung (KU und KT)

– Anzahl der Stützpunkte in u- und t- Richtung (NU und NT)

– x-, y- und z-Koordinaten der Stützpunkte (FX,FY,FZ) (Bild 8.1.6)

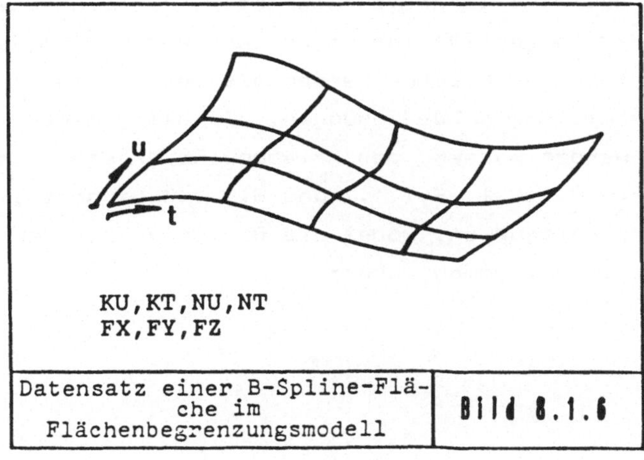

| Datensatz einer B-Spline-Fläche im Flächenbegrenzungsmodell | **Bild 8.1.6** |

Die in Klammern angegebenen Bezeichnungen gelten für alle weiteren Ausführungen in Kapitel 8.

Aufgrund der Forderung, daß ein reales Bauteil immer allseits von Teiloberflächen begrenzt sein muß, können die einzelnen Teiloberflächen nicht für sich allein betrachtet und, gemäß der neuen Abmessung, verändert werden. Vielmehr müssen bei einem Abmessungswechsel die an den Verbindungsstellen zu anderen Teiloberflächen, d.h. an ihren gemeinsamen Konturelementen, vorhandenen geometrischen Gegebenheiten, im folgenden geometrische Bedingungen genannt, ebenfalls mitberücksichtigt werden. Vor der Entwicklung eines Verfahrens zur Realisierung des allgemeinen Abmessungswechsels am dreidimensionalen Bauteil muß also bekannt sein, welche qualitativ unterschiedlichen geometrischen Bedingungen an gemeinsamen Konturelementen existieren können. Unter Berücksichtigung der mit RUKON-3D erfaßbaren Flächenformen wurde deshalb ermittelt, welche Arten von Verschneidungen zwischen zwei beliebigen Flächen möglich sind. Diese Verschneidungsarten wurden geordnet und in sog. Verschneidungskategorien zusammengestellt.

8.1.1 Verschneidungskategorien für Flächen

Zur Erfassung aller Verschneidungskategorien müssen alle möglichen Fälle von aneinanderstoßenden Flächen untersucht werden. Hierbei wird immer vorausgesetzt, daß sich die Flächen schneiden oder tangential ineinander übergehen. Für jeden Fall aneinander stoßender Flächen werden die Verschneidungskategorien durch die geometrischen Bedingungen, die beim Abmessungswechsel beibehalten werden mussen, beschrieben. Es ergeben sich folgende in den Bildern 8.1.1.1, 8.1.1.2 und 8.1.1.3 dargestellten Verschneidungskategorien, wobei die Bezeichnungen den Bildern 8.1.1 bis 8.1.6 entnommen wurden.

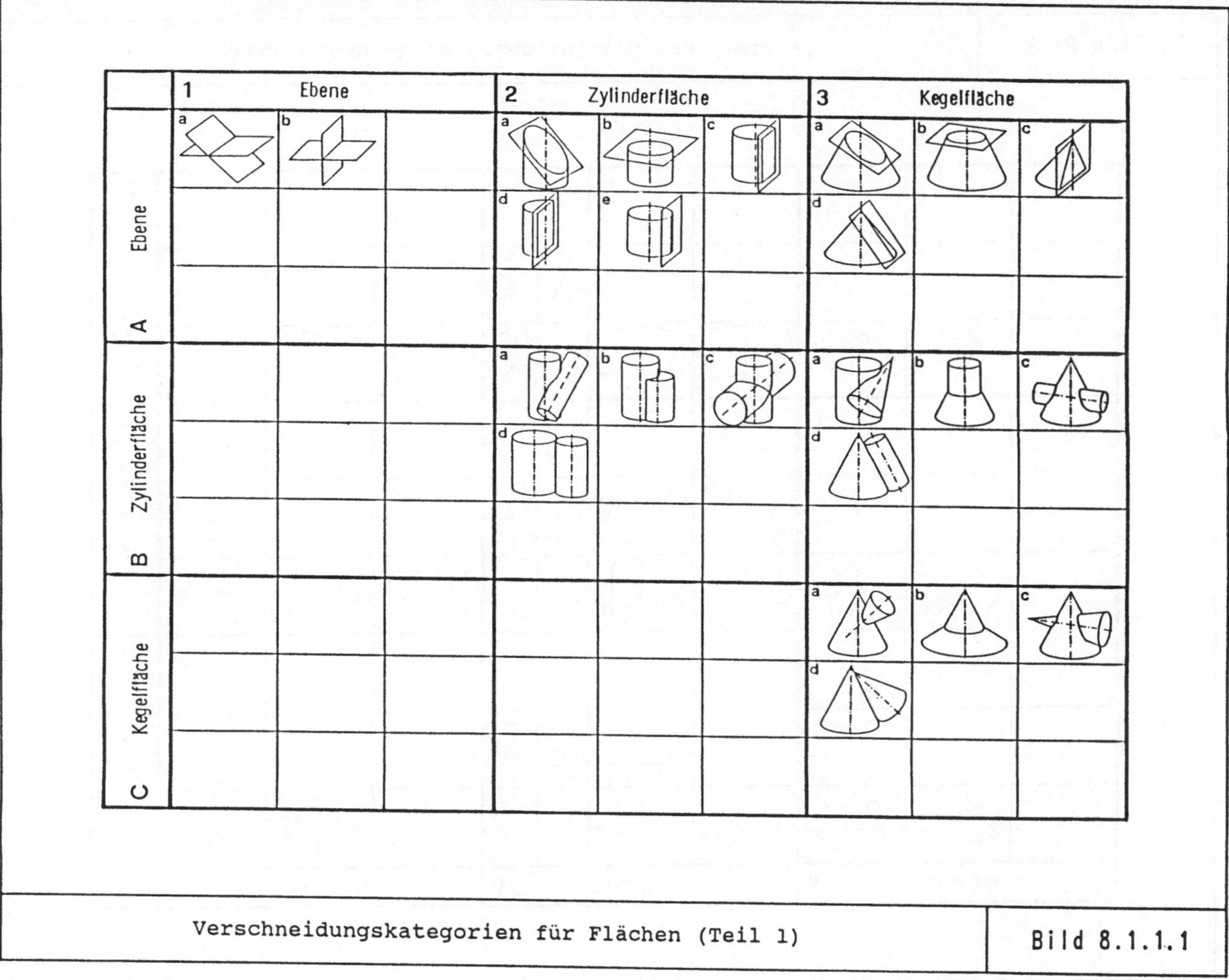

Verschneidungskategorien für Flächen (Teil 1)

Bild 8.1.1.1

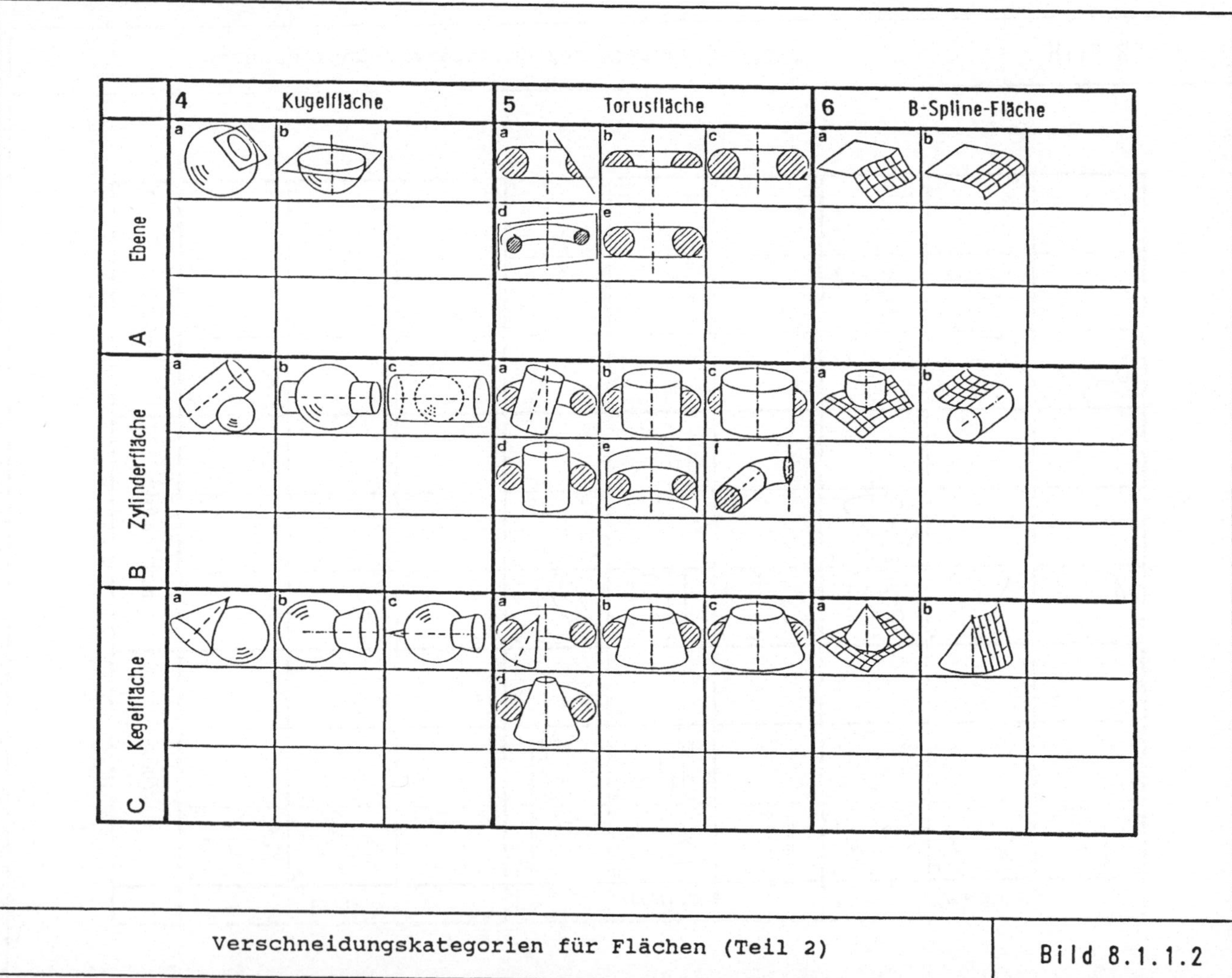

Verschneidungskategorien für Flächen (Teil 2)

Bild 8.1.1.2

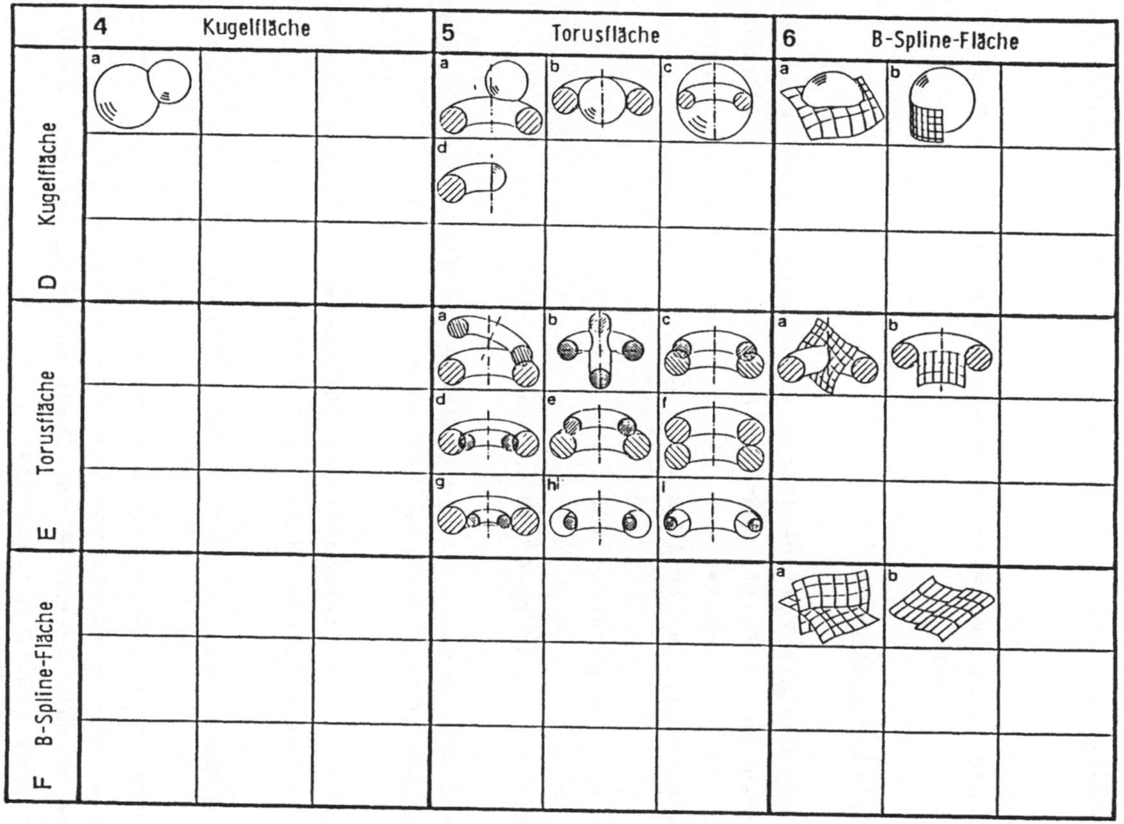

Bild 8.1.1.3

Verschneidungskategorien für Flächen (Teil 3)

<u>Ebene - Ebene:</u>

a) Die Ebenen schneiden sich unter einem beliebigen Winkel, d.h.
   die Normalenvektoren schließen einen beliebigen Winkel ein
   (Bild 8.1.1.1-A1a)

b) Die Ebenen schneiden sich unter einem Winkel von 90 Grad
   (Bild 8.1.1.1-A1b)

<u>Ebene - Zylinderfläche:</u>

a) Die Ebene und die Zylinderfläche schneiden sich beliebig. Dies
   ist genau dann erfüllt, wenn der Achsvektor **AZ** der Zylinderfläche und der Normalenvektor **NE** der Ebene einen beliebigen
   Winkel einschließen (Bild 8.1.1.1-A2a)

b) **NE** und **AZ** sind parallel (Bild 8.1.1.1-A2b)

c) **NE** steht senkrecht zu **AZ** (Bild 8.1.1.1-A2c)

d) **NE** steht senkrecht zu **AZ** und gleichzeitig liegt der Zylinder-
   achsenpunkt PZ auf der Ebene (Bild 8.1.1.1-A2d).

e) Die Ebene und die Zylinderfläche tangieren sich. Die Tangente
   ist dabei eine Gerade (Bild 8.1.1.1-A2e).

<u>Ebene - Kegelfläche:</u>

a) Die Ebene und die Kegelfläche schneiden sich beliebig. Dies
   ist genau dann erfüllt, wenn der Achsvektor **AK** der Kegelfläche
   und der Normalenvektor **NE** der Ebene einen beliebigen Winkel
   einschließen (Bild 8.1.1.1-A3a).

b) **NE** und **AK** sind parallel zueinander (Bild 8.1.1.1-A3b)

c) **NE** und **AK** stehen senkrecht aufeinander und der Kegelspitzenpunkt liegt in der Ebene (Bild 8.1.1.1-A3c).

d) Die Ebene und die Kegelfläche tangieren sich, wobei die
Tangente eine Gerade ist (Bild 8.1.1.1-A3d).

Ebene – Kugelfläche:

a) Die Ebene und die Kugelfläche schneiden sich beliebig
(Bild 8.1.1.2-A4a).

b) Der Mittelpunkt PS der Kugelfläche liegt auf der Ebene
(Bild 8.1.1.2-A4b).

Ebene – Torusfläche:

a) Die Ebene und die Torusfläche schneiden sich beliebig. Dies
ist genau dann erfüllt, wenn der Normalenvektor **NE** der Ebene
und der Achsvektor **AT** der Torusfläche einen beliebigen Winkel
einschliessen (Bild 8.1.1.2-A5a).

b) **AT** und **NE** sind parallel und gleichzeitig liegt der Torusmittelpunkt PT in der Ebene (Bild 8.1.1.2-A5b).

c) **AT** und **NE** sind parallel (Bild 8.1.1.2-A5c).

d) **AT** und **NE** stehen senkrecht aufeinander und PT liegt in der
Ebene (Bild 8.1.1.2-A5d).

e) **AT** und **NE** sind parallel, wobei sich die Flächen tangieren. Die
Tangierende ist ein Kreis mit dem Radius RAT
(Bild 8.1.1.2-A5e).

Ebene – Freiformfläche:

a) Die Ebene und die Freiformfläche schneiden sich beliebig
(Bild 8.1.1.2-A6a).

b) Die Ebene und die Freiformfläche gehen tangential ineinander
uber (Bild 8.1.1.2-A6b).

<u>Zylinderfläche - Zylinderfläche:</u>

a) Die beiden Zylinderflächen schneiden sich beliebig
   (Bild 8.1.1.1-B2a).

b) Die Achsvektoren der Zylinderflächen sind parallel
   (Bild 8.1.1.1-B2b).

c) Die Achsvektoren der Zylinderflächen stehen senkrecht aufeinander, die Achsen schneiden sich und die Zylinderflächen haben
   den gleichen Radius (Bild 8.1.1.1-B2c).

d) Die Achsvektoren der Zylinderflächen sind parallel und die
   Flächen gehen tangential ineinander über (Bild 8.1.1.1-B2d).

<u>Zylinderfläche - Kegelfläche:</u>

a) Die beiden Flächen schneiden sich beliebig (Bild 8.1.1.2-B3a).

b) Die Achsvektoren sind parallel und der Kegelspitzenpunkt PK
   liegt auf der Zylinderachse (Bild 8.1.1.2-B3b).

c) Die Achsvektoren sind senkrecht zueinander und schneiden sich
   (Bild 8.1.1.2-B3c).

d) Die beiden Flächen gehen tangential ineinander über. Die
   Tangierende ist eine Gerade (Bild 8.1.1.2-B3d).

<u>Zylinderfläche - Kugelfläche:</u>

a) Die Zylinderfläche und die Kugelfläche schneiden sich beliebig
   (Bild 8.1.1.2-B4a).

b) Der Mittelpunkt PS der Kugelfläche liegt auf der Zylinderachse
   und der Radius RS der Kugel ist größer als der Radius RZ der
   Zylinderfläche (Bild 8.1.1.2-B4b).

c) Der Mittelpunkt PS der Kugelfläche liegt auf der Zylinderachse
   und die beiden Radien sind gleich, sodaß sich die beiden
   Flächen in einem Kreis tangieren (Bild 8.1.1.2-B4c).

<u>Zylinderfläche - Torusfläche:</u>

a) Beide Flächen schneiden sich beliebig (Bild 8.1.1.2-B5a).

b) Der Achsvektor der Zylinderfläche und der Achsvektor der
   Torusfläche sind parallel und der Torusmittelpunkt PT liegt
   auf der Zylinderachse (Bild 8.1.1.2-B5b).

c) Die Bedingungen aus b) sind erfüllt und gleichzeitig gilt
   RAT = RZ (Bild 8.1.1.2-B5b).

d) Die Bedingungen aus b) sind erfüllt und gleichzeitig gilt
   RAT - RT = RZ, sodaß sich die Flächen in einem Kreis mit dem
   Radius RZ tangieren (Bild 8.1.1.2-B5d).

e) Die Bedingungen aus b) sind erfüllt und gleichzeitig gilt
   RAT + RT = RZ, sodaß sich die Flächen in einem Kreis mit dem
   Radius RZ tangieren (Bild 8.1.1.2-B5e).

f) Die Zylinderflächenachse ist senkrecht zur Torusflächenachse,
   die Lange des Lotes von PT auf die Zylinderachse ist gleich
   RAT und RT ist gleich RZ, sodaß sich die Flächen auf einem
   Kreis mit dem Radius RT tangieren (Bild 8.1.1.2-B5f).

<u>Zylinderfläche - Freiformfläche:</u>

a) Die Zylinderfläche und die Freiformfläche schneiden sich
   beliebig (Bild 8.1.1.2-B6a).

b) Die Zylinderfläche und die Freiformfläche gehen tangential
   ineinander über (Bild 8.1.1.2-B6b).

<u>Kegelfläche - Kegelfläche:</u>

a) Die beiden Kegelflächen schneiden sich beliebig
   (Bild 8.1.1.1-C3a).

b) Die beiden Achsvektoren der Kegelflächen sind parallel und der
   Kegelspitzenpunkt PK der einen Kegelfläche liegt auf der Achse
   der anderen Kegelfläche (Bild 8.1.1.1-C3b).

c) Die beiden Achsvektoren der Kegelflächen stehen senkrecht
   aufeinander und schneiden sich (Bild 8.1.1.1-C3c).

d) Die beiden Flächen gehen tangential ineinander über. Die
   Tangierende ist eine Gerade (Bild 8.1.1.1-C3d).

<u>Kegelfläche - Kugelfläche:</u>

a) Die beiden Flächen schneiden sich beliebig (Bild 8.1.1.2-C4a).

b) Der Mittelpunkt PS der Kugelfläche liegt auf der Achse der
   Kegelfläche und der Kegelspitzenpunkt PK liegt innerhalb der
   Kugelfläche (Bild 8.1.1.2-C4b).

c) Der Mittelpunkt der Kugelfläche liegt auf der Achse der Kegelfläche und der Kegelspitzenpunkt liegt außerhalb der Kugelfläche (Bild 8.1.1.2-C4c).

<u>Kegelfläche - Torusfläche:</u>

a) Die beiden Flächen schneiden sich beliebig (Bild 8.1.1.2-C5a).

b) Der Achsvektor der Kegelfläche und der Achsvektor der Torusfläche sind parallel, und gleichzeitig liegt der
   Torusmittelpunkt auf der Kegelachse (Bild 8.1.1.2-C5b).

c) Die Bedingungen aus b) sind erfüllt und gleichzeitig gilt die
   Beziehung tan(PHI) = RAT/ PKPT , wobei PKTP der Abstand

zwischen dem Kugelmittelpunkt und dem Torusmittelpunkt ist
(Bild 8.1.1.2-C5c).

d) Die Bedingungen aus b) sind erfüllt und die beiden Flächen
gehen tangential ineinander über. Die Tangierende ist dabei
ein Kreis (Bild 8.1.1.2-C5d).

Kegelfläche - Freiformfläche:

a) Die Kegelfläche und die Freiformfläche schneiden sich beliebig
(Bild 8.1.1.2-C6a).

b) Die beiden Flächen gehen tangential ineinander über
(Bild 8.1.1.2-C6c).

Kugelfläche - Kugelfläche:

a) Die beiden Flächen schneiden sich beliebig (Bild 8.1.1.3-D4a).

Kugelfläche - Torusfläche

a) Die beiden Flächen schneiden sich beliebig (Bild 8.1.1.3-D5a).

b) Der Torusmittelpunkt PT und der Kugelmittelpunkt PS sind
gleich, und es gilt: RAT - RT = RS, sodaß sich die beiden
Flächen in einem Kreis mit dem Radius RS tangieren
(Bild 8.1.1.3-D5b).

c) Es gilt: PT = PS und RAT + RT = RS, sodaß sich die beiden
Flächen in einem Kreis mit dem Radius RS tangieren
(Bild 8.1.1.3-D5c).

d) PS liegt auf dem Rotationsradius RAT der Torusfläche und es
gilt: RS = RT, sodaß sich die beiden Flächen auf einem Kreis
mit dem Radius RS tangieren (Bild 8.1.1.3-D5d).

<u>Kugelfläche - Freiformfläche:</u>

a) Die beiden Flächen schneiden sich beliebig (Bild 8.1.1.3-D6a).

b) Die beiden Flächen gehen tangential ineinander über
   (Bild 8.1.1.3-D6b).

<u>Torusfläche - Torusfläche:</u>

a) Die beiden Flächen schneiden sich beliebig (Bild 8.1.1.3-E5a).

b) Der Achsvektor einer Torusfläche steht senkrecht auf dem
   Achsvektor der anderen Torusfläche, und die beiden
   Torusmittelpunkte sind gleich (Bild 8.1.1.3-E5b).

c) Die beiden Achsvektoren sind parallel, und der Torusmittelpunkt der einen Fläche liegt auf der Achse der anderen Fläche
   (Bild 8.1.1.3-E5c).

d) Die beiden Achsvektoren sind parallel und die beiden Torusmittelpunkte sind gleich (Bild 8.1.1.3-E5c).

e) Die Bedingungen aus c) sind erfüllt und gleichzeitig tangieren
   sich die Flächen in einem Kreis (Bild 8.1.1.3-E5e).

f) Die Bedingungen aus c) sind erfüllt, die beiden
   Rotationsradien RAT1 und RAT2 sind gleich und die Flächen
   tangieren sich in einem Kreis (Bild 8.1.1.3-E5f).

g) Die Bedingungen aus d) sind erfüllt, und es gilt die Beziehung
   RAT1 + RT1 = RAT2 - RT2, sodaß sich die Flächen in einem Kreis
   tangieren (Bild 8.1.1.3-E5g).

h) Die Bedingungen aus d) sind erfüllt, und es gilt die Beziehung
   RAT1 - RT1 = RAT2 - RT2, sodaß sich die beiden Flächen in
   einem Kreis tangieren (Bild 8.1.1.3-E5h).

i) Die Bedingungen aus d) sind erfüllt, und es gilt die
Beziehung RAT1 + RT1 = RAT2 + RT2, sodaß sich die beiden
Flächen in einem Kreis tangieren (Bild 8.1.1.3-E5i).

<u>Torusfläche - Freiformfläche:</u>

a) Die beiden Flächen schneiden sich beliebig (Bild 8.1.1.3-E6a).

b) Die beiden Flächen gehen tangential ineinander über
   (Bild 8.1.1.3-E6b).

<u>Freiformfläche - Freiformfläche:</u>

a) Die beiden Flächen schneiden sich beliebig (Bild 8.1.1.3-F6a).

b) Die beiden Flächen gehen tangential ineinander über
   (Bild 8.1.1.3-F6b).

Die Prüfung, welche Verschneidungskategorie einem gemeinsamen
Konturelement zweier Flächen zugeordnet werden muß, erfolgt
einfach uber die Feststellung der Lage der jeweils zugehörigen
Flächen zueinander. Somit können jeder Fläche die Bedingungen,
die sie bei einer Abmessungsänderung aufgrund der angrenzenden
Flachen einzuhalten hat, zugeordnet werden.

Eine Fläche besitzt im allgemeinen mehrere begrenzende Konturelemente und somit mehrere angrenzende Flächen. Wird eine solche
Flache geändert, mussen eine Vielzahl von Verschneidungskategorien, d.h. geometrische Bedingungen, erfüllt werden. Hierbei ist
es nicht möglich, bei der Veränderung der Fläche die jeweiligen
Bedingungen nacheinander und unabhängig voneinander zu erfullen.
Vielmehr mussen die Abhängigkeiten der Bedingungen untereinander
beachtet werden, um alle Bedingungen gleichzeitig einhalten zu
konnen.
Im weiteren Verlauf der Entwicklung von Regeln wurde vorausgesetzt, daß nach einem Abmessungswechsel die Zahl der Teiloberflachen unverändert ist, daß tangentiale ubergange zwischen

Flächen sowie ausgezeichnete Lagen der flächenbeschreibenden
Achsen und Punkte erhalten bleiben und sich bestimmte Winkel
zwischen Flächen nicht ändern.

8.1.2 Abmessungsänderung von Flächen im Volumenmodell

Eine Untersuchung unterschiedlicher Abmessungs-Varianten zeigte,
daß in den meisten Fällen nicht allen Abmessungen ein Verände-
rungswert zugeordnet wird, sodaß die Gestalt des neuen Bauteils
in Form von Abmessungen nicht eindeutig bekannt ist. Die Abmessungen, denen kein vom Konstrukteur gewünschter neuer Wert zugeordnet ist, müssen automatisch den jeweiligen Verhältnissen angepaßt werden. Bei dem Beispiel in Bild 8.1 zu Beginn dieses
Kapitels wären dies zum Beispiel die Abmessungen x_1 und x_2.
Aufgrund dieser Überlegungen muß nun für jede Flächenform
ermittelt werden, in welche Richtung und mit welchem Wert eine
Veränderung ihrer speziellen Abmessungen erfolgen kann. Im
folgenden werden eine solche Richtung und ein solcher Wert mit
dem Begriff "Veränderliche" bezeichnet.
Grundsätzlich können die einzelnen Veränderlichen einer Fläche
zwei unterschiedliche Zustände annehmen:

- Einer Veränderlichen ist ein bestimmter Wert zugeordnet,
  d.h. die Veränderung der Fläche in Richtung dieser Veränderlichen ist über eine Abmessung vorgegeben.

- Eine Veränderliche besitzt den Zustand "frei", d.h. die
  Veränderung der Fläche in Richtung dieser Veränderlichen ist
  nicht vorgegeben.

Es stellt sich die Frage, wie die Abmessungen, die der jeweiligen
Veränderlichen zugeordnet werden müssen, in die rechnerinterne
Modelldarstellung eingeordnet werden können. Dabei bietet es sich
an, die Flexibilität der verwendeten ASP – Struktur zu nutzen und
diese Zuordnung in Form von Datensätzen, die an die jeweilige
Fläche gekettet werden, zu realisieren.
Ein solcher Datensatz besteht aus zwei Teilen. Der 1. Teil

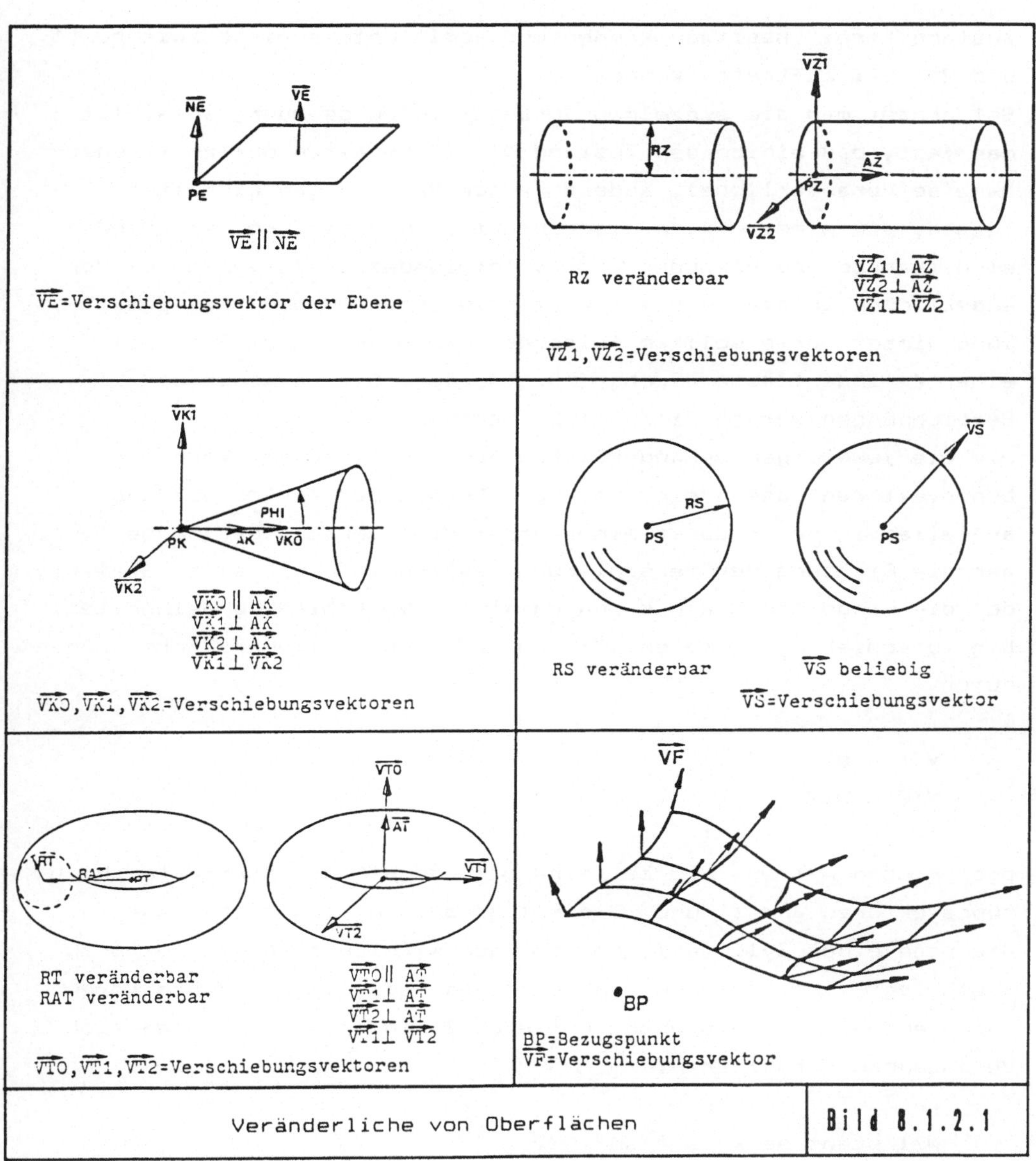

enthalt die durchzufuhrende Abmessungsanderung der Flache, die
vom Konstrukteur durch die Bestimmung des neuen Sollmaßes
eingegeben wurde. Im 2. Teil werden die Werte der tatsachlich
durchzufuhrenden Abmessungsanderungen gespeichert. Diese
Unterteilung ist notwendig, da im 1. Teil Veranderliche den

Zustand "frei" besitzen können und somit Unterschiede zwischen 1.
und 2. Teil auftreten können.

Betrachtet man die einzelnen Veränderlichen genauer, so stellt
man fest, daß einige den Zustand "frei" behalten dürfen (= unabhängige Veränderliche), andere jedoch Bedingungen einhalten
müssen, die wiederum von Flächenform zu Flächenform verschieden
sind (=abhängige Veränderliche). Infolgedessen müssen diese Veränderlichen automatisch mit Werten versehen werden. Die Ermittlung dieser Werte soll im folgenden exemplarisch am Beispiel
einer Zylinderfläche durchgeführt werden. Die verwendeten
Bezeichnungen wurden Bild 8.1.2.1 entnommen.

Die die jeweiligen Veränderlichen repräsentierenden Verschiebungsvektoren lassen sich nach den Regeln der Vektorrechnung
aufteilen in das Produkt eines normierten Vektors der Länge 1,
der die Richtung der Verschiebung festlegt, und in einen Skalar,
der die Länge des Vektors und damit der Verschiebung beinhaltet.
Die Verschiebungsvektoren **VZ1** und **VZ2** einer Zylinderfläche können
durch

$$\mathbf{VZ1} = \mathbf{NZ1} \cdot Z1 \qquad \text{und}$$
$$\mathbf{VZ2} = \mathbf{NZ2} \cdot Z2$$

beschrieben werden. Hierbei sind **NZ1** und **NZ2** die normierten Rich-
tungsvektoren und Z1 und Z2 die zugehorigen Verschiebungswerte.
Die Lage einer Zylinderfläche im Raum wird durch diese Vektoren
festgelegt, ihre Abmessungen durch den Radius sowie durch ihre
berandenden Konturelemente. Fur eine Zylinderfläche lassen sich 3
Bedingungen formulieren:

> **NZ1** steht senkrecht auf **NZ2**
> **NZ1** steht senkrecht auf **AZ**
> **NZ2** steht senkrecht auf **AZ**

Die Änderung des Zylinderflächenradius (=DRZ) unterliegt hingegen
keinen Bedingungen und kann somit "frei" bleiben. Infolgedessen
sind 3 Fälle denkbar, bei denen automatisch Werte ermittelt
werden müssen:

1.Fall: **VZ2** ist nicht festgelegt, d.h. **NZ2** und Z2 sind nicht auf
die Eingabe bestimmt. Dann ergibt sich **NZ2** zu:

$$\mathbf{NZ2} \quad = (NZ2_x, NZ2_y, NZ2_z) = \mathbf{AZ} \times \mathbf{NZ1}$$

2.Fall: **VZ1** ist nicht festgelegt, d.h. **NZ1** und Z1 sind nicht
durch die Eingabe bestimmt. **NZ1** ergibt sich dann zu:

$$\mathbf{NZ1} \quad = (NZ1_x, NZ1_y, NZ1_z) = \mathbf{AZ} \times \mathbf{NZ2}$$

3.Fall: **VZ1** und **VZ2** sind nicht festgelegt, d.h. **NZ1**, **NZ2**, Z1 und
Z2 sind durch die Eingabe nicht bestimmt. **NZ1** und **NZ2**
lassen sich dann bestimmen zu:

$$\mathbf{NZ1} \quad = (AZ_y, -AZ_x, 0)$$
$$\mathbf{NZ2} \quad = \mathbf{AZ} \times \mathbf{NZ1}$$

Somit sind bei einer Zylinderfläche also nur die Veränderlichen
Z1, Z2 und DRZ eventuell als "frei" definierbar. Werden keine Angaben zur neuen Lage einer Zylinderfläche gemacht, so ist die
neue Lage nur von diesen drei Werten abhängig. Analog lassen sich
für alle möglichen Flächenformen solche Bedingungen formulieren.

8.1.3 Ermittlung der Gestalt des geänderten Bauteils

Es stellt sich nun das Problem, daß die noch als "frei" definierten Veränderlichen zur Durchführung des Abmessungswechsels mit
konkreten Werten besetzt werden müssen. Die Bedingungen, die von
einer zu verändernden Teiloberfläche für jedes ihrer begenzenden
Konturelemente, d. h. also für jede angrenzende Teiloberfläche,
bei der Veränderung einzuhalten sind, lassen sich in Form von
mathematischen Gleichungen und Ungleichungen in Abhängigkeit der
jeweiligen Veränderlichen der Fläche formulieren.
Beispielsweise lauten die Gleichungen bzw. Ungleichungen für die
Verschneidungskategorie B5b in Bild 8.1.1.2 mit den Bezeichnungen
aus Bild 8.1.2.1:

$$VZ = VT1 + VT2 \qquad und$$
$$RAT + RAT + RT + RT > RZ + RZ \qquad und$$
$$RAT + RAT - RT - RT < RZ + RZ$$

Diese Gleichungen bzw. Ungleichungen sind linear und ergeben je ein System von Gleichungen und Ungleichungen. Die Unbekannten sind die Werte, die vom Benutzer nicht mit neuen Abmessungen versehen wurden, also die als "frei" definierten Veränderlichen . Die zu findenden Werte müssen Lösung des Gleichungssystems und des Ungleichungssystems sein. Hierzu existieren in der einschlägigen Literatur /27/ eine Reihe von Lösungsverfahren, weshalb an dieser Stelle auf eine ausführliche Erläuterung des implementierten Verfahrens verzichtet werden soll.
Die gefundenen Lösungen liefern schließlich die Werte, die zu einer eindeutigen Festlegung aller Abmessungen des veränderten Bauteils noch benötigt werden. Die neuen berandenden Konturelemente aller Teiloberflächen ergeben sich, indem zwischen jeweils zwei Teiloberflächen, die vor dem Abmessungswechsel aneinander grenzten, mit den geänderten Abmessungen dieser Flächen die Schnittkurven ermittelt werden. Die begrenzenden Punkte der neuen Konturelemente ergeben sich, indem die Schnittpunkte zwischen diesen und den Teiloberflächen, die sie auch vor dem Abmessungswechsel begrenzten, berechnet werden.

8.2 Verrundung von Kanten und Ecken

Im Gegensatz zu dem in den vorherigen Kapiteln erläuterten
Abmessungswechsel dreidimensionaler Bauteile handelt es sich bei
der Verrundung von Kanten und Ecken um eine spezielle Gestaltänderung, die stets bestimmten Gesetzmäßigkeiten gehorchen und
die die Zahl, Form, Lage, Reihenfolge und Verbindungsstruktur der
Gestaltelemente eines Bauteils erheblich verändern kann.
Die Verrundung von Körperkanten wird in der einschlägigen Literatur auf unterschiedliche Weise gelöst. Altjohann /28/ kennzeichnet die entsprechenden Kanten, ohne jedoch die RGD zu verändern. Erst in der zweidimensionalen Darstellung werden die Verrundungen eingebracht, sodaß die Oberflächen der jeweiligen Verrundungsflächen nicht verfügbar sind. In anderen Arbeiten /7,29/
werden Volumenelemente subtrahiert (=Abrundung) oder addiert
(=Ausrundung), die die Gestalt der Verrundungsflächen aufweisen,
wodurch eine reale RGD des verrundeten Bauteils erzeugt wird.
Dieses Verfahren versagt jedoch immer dann, wenn Kanten verrundet
werden, deren angrenzende Flächen nicht senkrecht aufeinander
stehen (s. Bild 8.2.2.1) und deren Form beliebig ist, ein
Umstand, der zum Beispiel bei der Verrundung eines beliebig
gekrümmten Splines vorliegt.
Alle in der Literatur existierenden Verfahren haben weiterhin den
Nachteil, daß sie immer nur die Verrundung einzelner Körperkanten
ermöglichen. Sollen mehrere Kanten verrundet werden, die in ihren
Eckpunkten aneinander stoßen, sodaß ein Übergang zwischen den
einzelnen Verrundungsflachen geschaffen werden muß, wird keine
Lösung angeboten. In der Praxis tritt dieser Fall jedoch recht
häufig auf, weshalb die bekannten Verfahren in der Praxis nur
selten genutzt werden konnen.
Aus diesem Grund wurde im Rahmen dieser Arbeit ein Verfahren
entwickelt, daß bezüglich der Form der zu verrundenden Kanten
keinen Einschränkungen unterliegt und das den ubergang zwischen
mehreren, an einer Ecke zusammenstoßenden Verrundungsflachen
automatisch ermittelt. Der Benutzer hat hierzu lediglich die
jeweilige zu verrundende Kante zu identifizieren und den entsprechenden Verrundungsradius anzugeben.

Die Verrundung einer Körperkante bedeutet immer das Ersetzen
eines Konturelementes K durch eine Fläche F mit ihren Berandungen
K1 - K4 (bei einer Kante mit Anfangs- und Endpunkt) bzw. K1 und
K2 (bei einer geschlossenen Kante) (Bild 8.2.1).

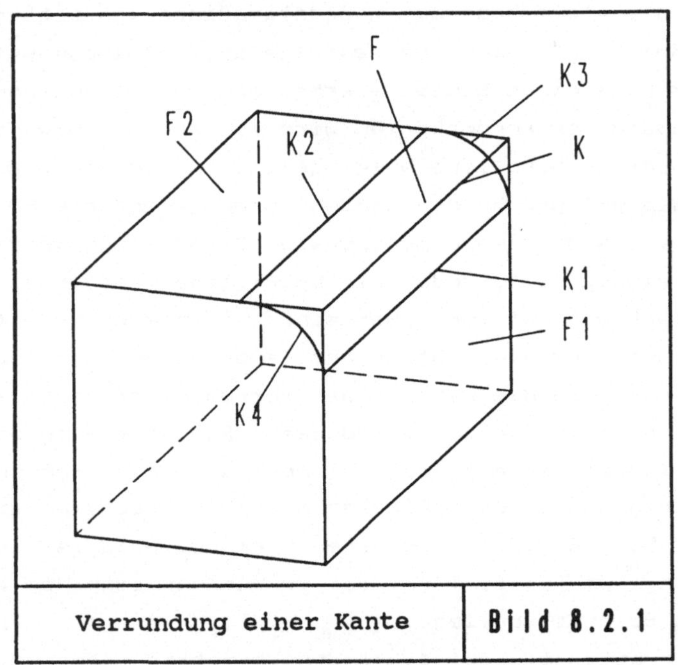

| Verrundung einer Kante | Bild 8.2.1 |

Infolge der Eindeutigkeit des verwendeten Volumenmodells gehören
zu der zu verrundenden Kante K immer zwei Flächen F1 und F2.
Lage, Form und Abmessungen der Fläche F sind nun so zu bestimmen,
daß sie tangential in die Flächen F1 und F2 übergeht. Stoßen an
einer Ecke mehrere Verrundungsflächen zusammen, so müssen vom
System automatisch Übergänge zwischen den einzelnen Verrundungsflächen berechnet werden.

8.2.1 Verrundungsflächen von Kanten

In RUKON-3D sind folgende unterschiedlichen Konturelementformen,
längs derer verrundet werden soll, möglich:

- längs einer Gerade
- längs eines Kreises oder Kreisbogens
- längs eines Kegelschnitts
- längs einer B-Spline-Kurve

Bei der Verrundung jedes dieser Konturelemente mit einem bestimmten Radius R ergeben sich jeweils unterschiedlich Verrundungsflächen. So zum Beispiel längs

einer Geraden: Im allgemeinen führt eine Gerade zu einer Zylinderfläche. Ausnahme: Wenn die Gerade gleich der Mantellinie einer Kegelfläche ist, wird die Verrundungsfläche ebenfalls eine Kegelfläche

eines Kreises: Ein Kreis führt immer zu einer Torusfläche

eines Kegelschnitts: Kegelschnitte führen zu elliptischen, parabolischen oder hyperbolischen Torusflächen.

einer B-Spline-Kurve: Ein B-Spline führt immer zu einer (B-Spline-) Freiformfläche.

Da ein B-Spline bezüglich seiner Gestalt die komplexeste Form eines Konturelementes darstellen kann, wird die Ermittlung einer Verrundungsfläche längs einer B-Spline-Kurve stellvertretend für alle anderen Konturelemente erläutert.
Hat der Benutzer ein zu verrundendes Konturelement K identifiziert und den Verrundungsradius angegeben, müssen zunächst die beiden zugehörigen Flächen F1 und F2 ermittelt werden. Infolge der Eigenschaften der verwendeten ASP-Struktur ist dies ohne weiteres möglich, indem von dem jeweiligen Konturelement ausgehend über die vorhandenen Relationen zu den Flächen diese geholt werden.
Eine B-Spline-Kurve bzw. -Fläche stellt nun eine analytisch nicht beschreibbare Kurve bzw. Fläche dar. Die Erfüllung der Tangenten-

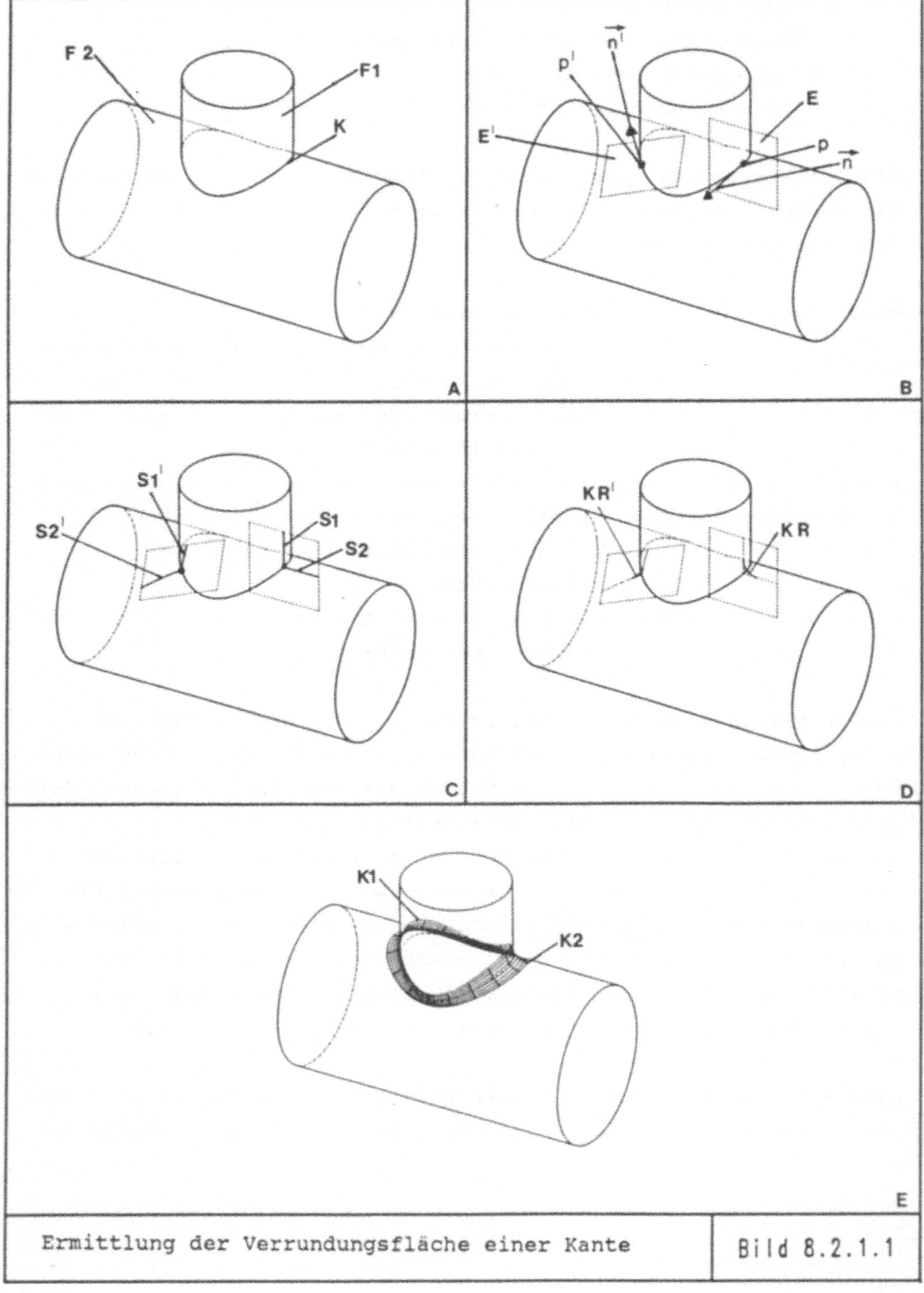

Ermittlung der Verrundungsfläche einer Kante	Bild 8.2.1.1

bedingung der Verrundungsfläche ist jedoch nur auf analytischem Weg möglich. Es muß also ein Weg gefunden werden, dieses nicht-analytische Problem in analytisch lösbare Teilprobleme aufzuteilen. Hierzu werden längs der Kurve in beliebigen Punkten der Kurve, wobei sinnvollerweise die Stützpunkte des jeweiligen B-Splines verwendet werden, die Tangentenvektoren an diese Kurve bestimmt. Mit Hilfe eines solchen Punktes P und des zugehörigen Tangentenvektors n wird eine Ebene E definiert. Bei dem Beispiel in Bild 8.2.1.1 auf der vorherigen Seite sind zwei solche Ebenen E und E' dargestellt.

Schneidet man die Ebene E mit den zu dem Konturelement gehörenden Flächen F1 und F2, erhält man zwei Schnittkonturen S1 und S2, die sich im Punkt P der Kurve schneiden und die beide in der Ebene E liegen. Die Gestalt der Verrundungsfläche in dieser Ebene E ergibt sich nun, indem in dieser Ebene die beiden Schnittkonturen in ihrem gemeinsamen Punkt P durch einen Kreisbogen KR mit dem Verrundungsradius R verrundet werden. Dieser Kreisbogen entspricht einem ebenen Schnitt durch die Verrundungsfläche. Die Gestalt der gesamten Verrundungsfläche läßt sich dann berechnen, indem für eine bestimmte Anzahl von Kurvenpunkten verrundende Kreisbögen auf diese Weise berechnet und mit diesen nach dem in Kap.7.2 erläuterten Flächenerzeugungsverfahren durch Schnitt-linien die B Spline-Fläche ermittelt wird (Bild 8.2.1.1).

Quasi als Nebenerscheinung bietet diese Vorgehensweise auch die Möglichkeit, den Verrundungsradius einer Kante von Punkt zu Punkt zu variieren, wobei naturlich die Verrundungsfläche immer eine Freiformflache ist.

Schließlich muß noch bestimmt werden, auf welcher Seite der Fläche sich Material befindet, d.h. ob es sich um eine Ausrundung oder um eine Abrundung handelt. Hierzu werden auf den beiden Flachen F1 und F2 in Richtung ihrer Normalenvektoren n_1 und n_2 von einem geeigneten Flachenpunkt aus zwei Strecken berechnet, die in einer Ebene liegen. Schneiden sich diese Strecken, so liegt eine Ausrundung vor und die Verrundungsflache erhalt die Kennzeichnung "hohl", schneiden sie sich nicht, so liegt eine Abrundung vor und die Verrundungsflache erhalt die Kennzeichnung "voll" (Bild 8.2.1.2).

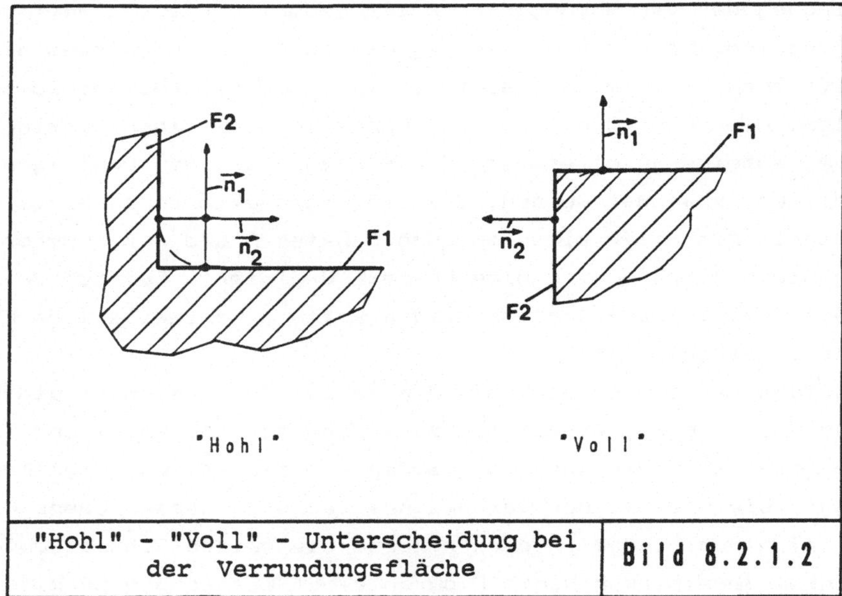

"Hohl" – "Voll" – Unterscheidung bei der Verrundungsfläche	Bild 8.2.1.2

Die Ermittlung der Verrundungsflächen für alle anderen Konturele-
mente erfolgt analog.
Der nachste Schritt beinhaltet die Berechnung der Veränderung der
Ecken bzw. Punkte, die ein verrundetes Konturelement begrenzen.

8.2.2 Verrundungsflachen von Ecken

Im einfachsten Fall ist die zu verrundenden Kante ein geschlosse-
nes Konturelement (z.B. Kreis). Es existiert kein Ecke, an der
die entsprechende Verrundungsfläche mit einer weiteren Verrundungsflache zusammenstoßen kann. Somit genügt es also, die beteiligten Teiloberflachen mit ihren neuen berandenden Konturelementen zu aktualisieren. Bezogen auf das Beispiel in Bild 8.2.1.1
bedeutet dies, daß die Flächen F1 und F2 statt des Konturelementes K als neue berandende Konturelemente K1 (fur F1) und K2 (fur
F2) erhalten.
Im allgemeinen Fall ist eine zu verrundende Kante von zwei
Punkten begrenzt, an die sich weitere Kanten anschließen, die
ebenfalls verrundet werden können. In einem solchen Eckpunkt
stoßen also mehrere Verrundungsflachen aneinander. Die Intention

des Konstrukteurs wiederum ist, daß nach der Verrundung der von
ihm gewählten Kanten auch an den Stellen, an denen Verrundungsflächen aneinander stoßen, alle beteiligten alten und neuen
Flächen tangierend ineinander übergehen. Da der Konstrukteur
selbst über die Gestalt der Teiloberflächen im Bereich der Ecke
nach der Verrundung keine konkreten Vorstellungen entwickelt,
erhebt sich die Forderung, automatisch eine Fläche zu berechnen,
die einen stetigen Übergang der aneinander stoßenden Verrundungsflächen ineinander gewährleistet. Diese Fläche wird im folgenden
mit Übergangsfläche bezeichnet. Das zur Lösung dieses Problems
entwickelte Verfahren soll exemplarisch am Beispiel eines einfachen allgemeinen Körpers erläutert werden, bei dem drei aneinander stoßende Kanten mit unterschiedlichen Radien verrundet werden
sollen (Bild 8.2.2.1).

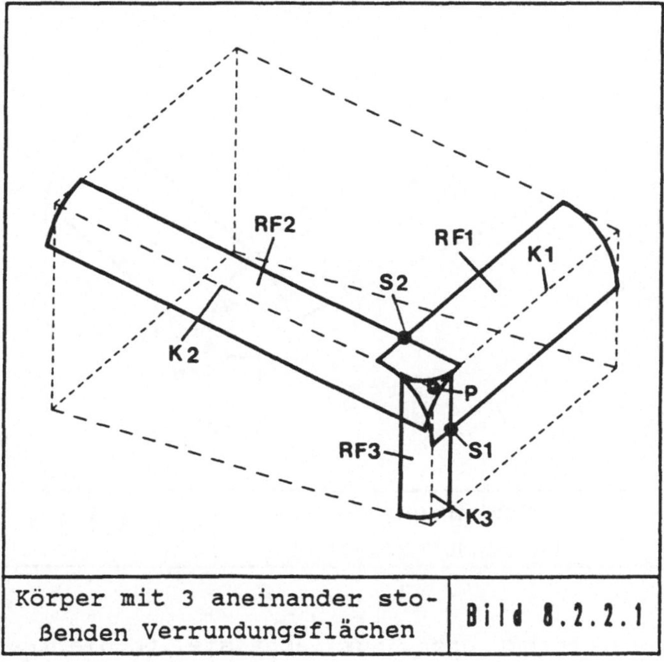

| Körper mit 3 aneinander sto-ßenden Verrundungsflächen | Bild 8.2.2.1 |

Nach der Ermittlung der den Kanten K1, K2 und K3 entsprechenden
Verrundungsflachen RF1, RF2 und RF3 liegen diese als einzelne
Flächen vor, die sich im Bereich des Eckpunktes P überlappen.

Jede dieser drei Flächen ist von genau vier Konturelementen
berandet, die den Definitionsbereich der Flächen festlegen. Diese
Definitionsbereiche müssen nun so verändert werden, daß kein
Überlappung mehr auftritt. Hierzu werden die Schnittpunkte S1 und
S2 zwischen den Konturelementen der Verrundungsfläche mit dem
größten Radius mit den entsprechenden Konturelementen der anderen
beiden Verrundungsflächen berechnet. Die neuen Definitionsbereiche ergeben sich, indem die im Überlappungsbereich liegenden Konturelemente translatorisch in die berechneten Schnittpunkte be-
wegt werden. Als Zwischenergebnis liegen somit drei Verrundungsflächen vor, die in den berechneten Schnittpunkten aneinander
grenzen, sich jedoch nicht mehr überlappen (Bild 8.2.2.2).

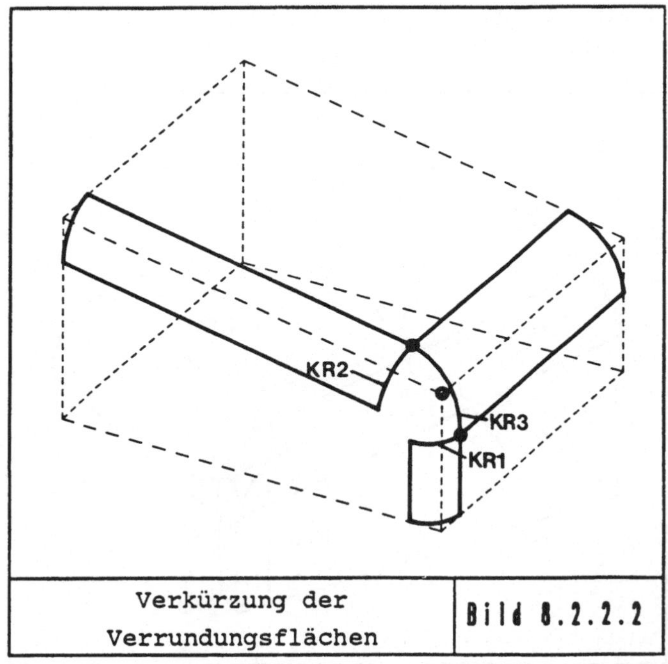

Verkürzung der Verrundungsflächen	Bild 8.2.2.2

Für die zu berechnende Übergangsfläche stellen die translatorisch
bewegten drei Konturelemente KR1 – KR3 berandende Konturelemente
dar, die jedoch noch keinen geschlossenen Konturzug ergeben.
Um einen geschlossenen Konturzug zu erhalten, muß ein weiteres
Konturelement KR4 ermittelt werden. Bild 8.2.2.3 zeigt, wie in

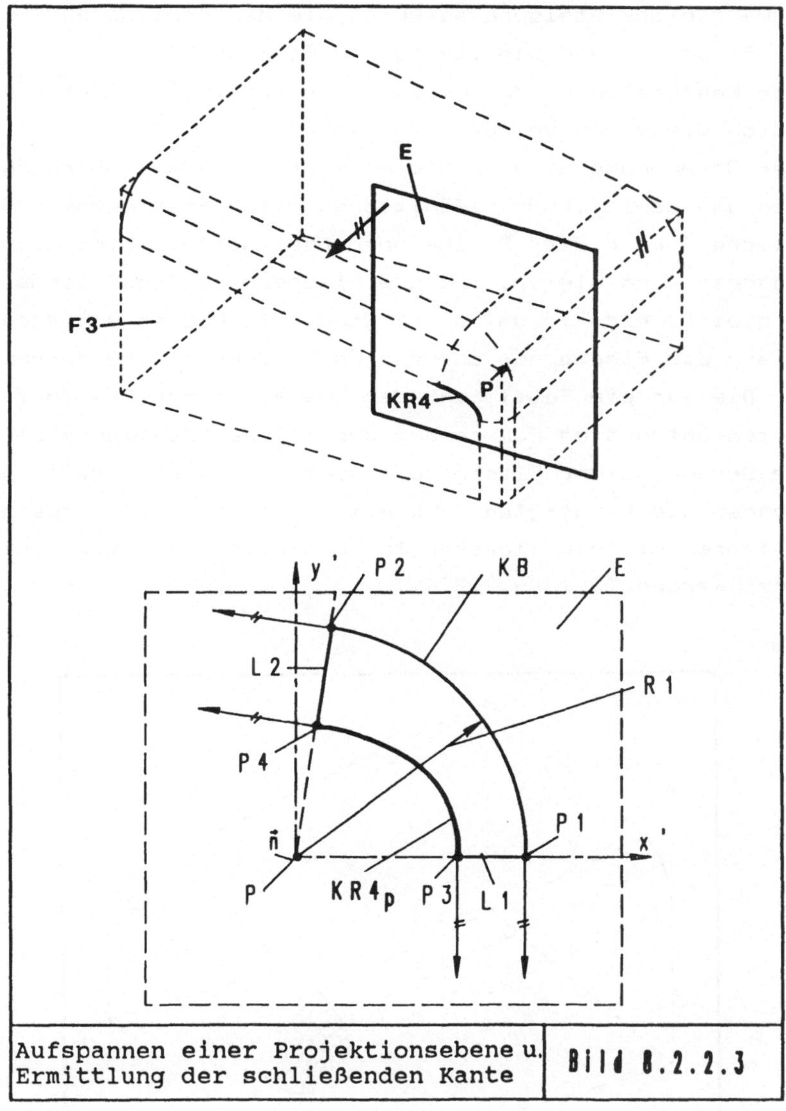

Aufspannen einer Projektionsebene u. Ermittlung der schließenden Kante · **Bild 8.2.2.3**

dem Eckpunkt P eine Ebene E aufgespannt wird, deren Normalenvektor parallel ist zur Tangente in diesem Punkt an das Konturelement, dessen Verrundungsflache die beiden anderen Verrundungsflachen schneidet. In diese Ebene werden die bereits bekannten drei Konturelemente projiziert, wodurch man zwei Strecken L1 und L2 (aus KR1 und KR2) sowie einen Kreisbogen KB (aus KR3) erhalt. In der Ebene wird eine Kurve $KR4_p$ berechnet, die in den Punkten

P3 und P4 gleiche Steigung aufweist wie der Kreisbogen KB in den
Punkten P1 und P2 und die stetig von P3 nach P4 verläuft. Das
gesuchte Konturelement KR4 ergibt sich schließlich durch die
Projektion dieser Kurve auf die Fläche F3.
Nach der Berechnung aller Konturelemente, die die Übergangsfläche
beranden und somit ihren Definitionsbereich festlegen, muß die
eigentliche Form dieser Fläche berechnet werden. Sind alle
Verrundungsradien gleich, ist die Fläche eine Kugelfläche, sind 2
Radien gleich, eine Torusfläche. Sind alle Radien unterschiedlich, kann die Fläche nur durch eine Freiformfläche dargestellte
werden. Die für die Festlegung der Gestalt einer Freiformfläche
benötigten Daten sind Punkte auf der Fläche (Stützpunkte). Da die
gesamte Berandung der Fläche zu diesem Zeitpunkt bereits bekannt
ist, können die benötigten Punkte mit dem in Kap.7.2 beschriebenen Verfahren mittels linearer Interpolation in x,y,z-Richtung
berechnet werden (Bild 8.2.2.4).

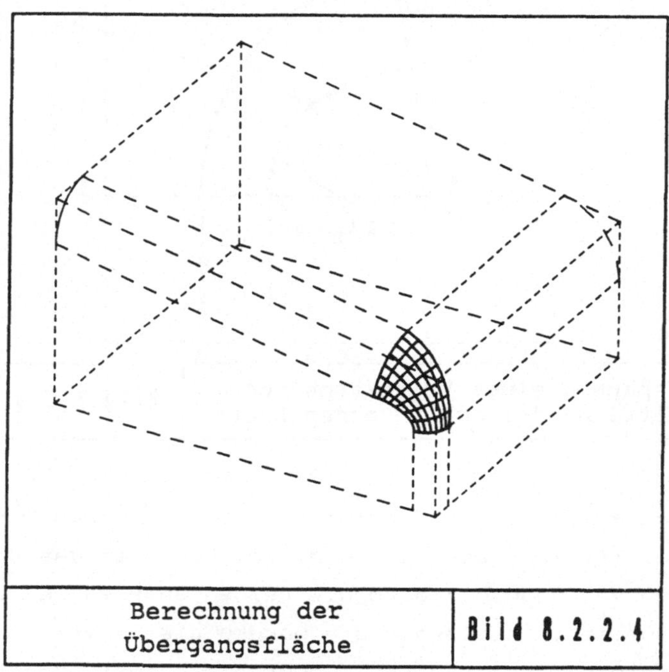

Berechnung der Übergangsfläche	Bild 8.2.2.4

Die Fälle, bei denen lediglich eine oder zwei Verrundungsflächen
an einer Ecke zusammenstoßen, können auf die gleiche Weise behandelt werden, wenn man für die jeweils nicht vorhandene Verrundungsfläche eine Fläche mit dem Radius "null" annimmt.
In einem letzten Schritt müssen jetzt nur noch die Berandungen
der ursprünglichen Teiloberflächen des Bauteils durch die neuen
Konturelemente aktualisiert werden (Bild 8.2.2.5).

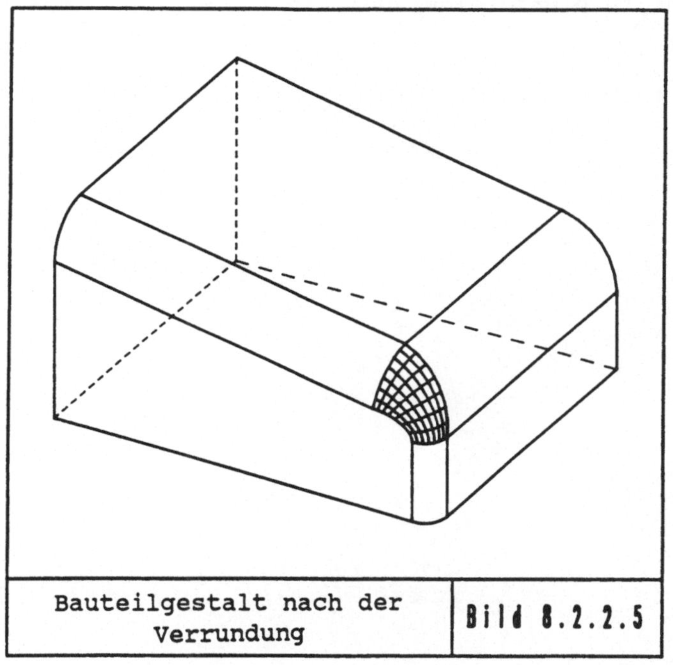

Bauteilgestalt nach der Verrundung	Bild 8.2.2.5

Vergleicht man das Verfahren zur Automatisierung des Abmessungswechsels mit dem Verfahren zur Verrundung von Kanten und Ecken,
so erscheint letzteres wesentlich umständlicher. Dies ist in
erster Linie dadurch zu begründen, daß im Gegensatz zum Abmessungswechsel die Gestaltstruktur des Bauteils verändert wird. Die
Ermittlung einer neuen Gestaltstruktur läßt sich nicht, wie die
Ermittlung neuer Abmessungen, auf rein geometrische und somit
mathematisch lösbare Teilprobleme zurückführen. Dies führt zu der
überlegung, daß eine automatische Variation der Gestaltparameter,
die Einfluß auf die Gestaltstruktur eines Bauteils ausüben, im

allgemeinen Fall große Schwierigkeiten bereiten wird. Man erkennt jedoch auch, daß spezielle Verfahren recht schnell an ihre Grenzen kommen können, wenn die Gestalt des Bauteils Gegebenheiten aufweist, die in diesem Verfahren noch nicht berücksichtigt wurden. Aus diesem Grund ist es unabdingbar, daß in Zukunft weitere Entwicklungen sich immer mehr von speziellen Verfahren zur Gestaltvariation hin zu allgemeinen Verfahren bewegen. Die Beschreibung eines Verfahrens zur Automatisierung des Abmessungswechsels sollte hierzu einen Beitrag liefern.

9. Darstellung technischer Gebilde

Wie bereits von Wokurka /6/ dargelegt, muß ein universelles dreidimensionales CAD-System in der Lage sein, alle in der RGD
vorliegenden Konstruktionsdaten zu jedem beliebigen Zeitpunkt auf
einem Ausgabegerät darzustellen. Thema dieser Arbeit ist es nun
nicht, alle bei einer Konstruktion anfallenden Datenarten zu finden und zu analysieren. Vielmehr sollen Möglichkeiten aufgezeigt
werden, die eine Darstellung der geometrischen Gestaltdaten dreidimensionaler technischer Gebilde in einer Form gewährleisten,
welche den gestellten Anforderungen gerecht wird.
Da die zur Verfügung stehenden Ausgabegeräte lediglich zweidimensionale Linien und Punkte darstellen können, kann auch die
Darstellung dreidimensionaler technischer Gebilde nur in Form
einer zweidimensionalen Darstellung, also durch Punkte und
Linien, erfolgen. Die Konstruktion eines technischen Gebildes
erfolgt in der Regel im Dialog mit dem System. Dialog bedeutet
wörtlich eine "von mindestens 2 Personen abwechselnd geführte
Rede und Gegenrede (Antwort)". Bezogen auf die Entwicklung von
CAD-Systemen heißt das, daß von beiden "Parteien", d.h. vom
Konstrukteur und vom System, Gestaltdaten auf dem Ausgabegerat
dargestellt werden müssen. Gibt der Konstrukteur Gestaltdaten
ein, so muß das System diese Daten verstehen und interpretieren
konnen, um mit diesen Daten selbständig weitere Darstellungen
(z.B. in anderen Ansichten) quasi als "Gegenrede" zu erzeugen.
Koller /30/ spricht in diesem Zusammenhang vom "Lesen" und
"Schreiben" von Gestaltdaten.
In beiden Fällen kann die Darstellung dreidimensionaler technischer Gebilde, wie bereits erwähnt, nur in einer zweidimensionalen Form, d.h mit Hilfe von Punkten und Linien, erfolgen. Beim
Vorgang des "Lesens" werden aus diesen zweidimensionalen Gestaltelementen dreidimensionale Gestaltelemente wie 3D-Konturelemente
und Flächen erstellt, beim Vorgang des "Schreibens" werden aus
den dreidimensionalen Gestaltelementen zweidimensionale abgelei-
tet. In beiden Fällen erfolgt die Darstellung in genormten oder
frei vom Benutzer definierten Ansichten und Schnitten. Vor weiteren Ausfuhrungen ist es deswegen zunachst notig, die Begriffe

"Ansicht" und "Schnitt" genauer zu definieren.

Eine Ansicht ist die Darstellung eines technischen Gebildes so, wie es sich einem Betrachter aus einer bestimmten Blickrichtung darbietet. Ein Schnitt ist die Darstellung eines durch eine Ebene aufgeteilten technischen Gebildes so, daß die Schnittebene parallel zu der jeweiligen Ansichtsebene liegt und die in dieser Schnittebene liegenden Konturelemente unverzerrt dargestellt werden.

Im folgenden Kapitel wird zunächst die Darstellung dreidimensionaler technischer Gebilde in Ansichten diskutiert.

9.1 Darstellung in Ansichten

Aus den oben genannten Definitionen geht hervor, daß es zur Erzeugung einer Ansicht völlig ausreicht, die Geometrie des technischen Gebildes so zu drehen, daß der Betrachter es aus der gewünschten Blickrichtung sieht und diese gedrehten dreidimensionalen Gestaltelemente in Form zweidimensionaler Punkte und Linien auf dem Ausgabegerät darzustellen. Die Drehung dreidimensionaler Objekte im Raum wiederum läßt sich einfach durch Multiplikation der Koordinaten aller Gestaltelemente mit einer sog. Transformationsmatrix erzielen. Diese Transformationsmatrix enthält die Richtungscosinus der Achsen eines gedrehten Koordinatensystems gegenüber den Achsen eines Absolutkoordinatensystems /5,31/. In diesem Zusammenhang spricht man deshalb auch von Abbildungsmatrizen. Jede Ansicht entspricht also lediglich der Multiplikation der dreidimensionalen Gestaltdaten mit einer Abbildungsmatrix. Nach dieser Multiplikation ist das 3D-Modell so gedreht, daß seine x-y-Achse mit der x-y-Achse des Ausgabegerätes identisch ist und die positive z-Achse aus der Bildebene heraus zeigt. Soll der Betrachtungswinkel einer oder mehrere Ansichten geändert werden, so genügt es, die Abbildungsmatrizen entsprechend zu ändern und mit diesen geänderten Matrizen die zweidimensionalen Darstellungen neu zu berechnen. Prinzipiell bieten sich zwei Vorgehensweisen bei der Erzeugung zweidimensionaler Ansichtsdarstellungen an:

- Erzeugung mit Speicherung der zweidimensionalen Gestaltdaten
- Erzeugung ohne Speicherung der zweidimensionalen Gestaltdaten

Beide Vorgehensweisen werden in den beiden folgenden Kapiteln
erläutert.

9.1.1 Darstellung mit Speicherung der zweidimensionalen Gestaltdaten

Bei der Darstellung mit gleichzeitiger Speicherung der zweidimensionalen Gestaltdaten wird die rechnerinterne Gestaltdarstellung
wird um die 2D-Abbildungen der 3D-Geometrie erweitert, wobei eine
Zuordnung (=Korrelation) zwischen den 2D- und den entsprechenden
3D-Geometrieelementen aufgebaut wird. Zur Darstellung auf dem
Ausgabegerät wird die gespeicherte 2D-Geometrie gezeichnet. Bei
dieser Lösung stellen die 2D-Gestaltelemente das Bindeglied
zwischen Konstrukteur und RGD dar.
Vorteil bei dieser Vorgehensweise ist, daß die zur Erstellung von
Zeichnungen bzw. Ergänzung von Zusatzinformationen (z.B. Bemas-
sung) benötigte 2D-Geometrie direkt zur Verfügung steht. Weiterhin können die abgebildeten 2D-Gestaltelemente mit allen vom
System angebotenen 2D-Funktionen manipuliert werden, wodurch
allerdings das jeweilige 2D-Gestaltelement nicht mehr dem 3D-
Gestaltelement in Form, Abmessung und Lage entspricht. Die bei
einem dialogorientierten CAD-System häufig benutzte Tätigkeit des
Identifizierens von 3D-Gestaltelementen kann durch einfache Iden-
tifikation eines 2D-Gestaltelementes erfolgen. Über die rechnerinterne Korrelation kann das zugehörige 3D-Gestaltelement automatisch gefunden werden. Nachteilig ist hierbei, daß sämtliche
Änderungen der 3D-Gestaltdaten in allen vorhandenen 2D-Abbildun-
gen nachgehalten werden müssen, d.h. die 2D-Abbildungen müssen
entsprechend geändert werden. Weiterhin ist es umständlich, die
Betrachtungswinkel von Ansichten zu ändern, da hierzu die jeweils
vorliegenden 2D-Gestaltdaten gelöscht und mit der geänderten Ab
bildungsmatrix neu aufgebaut werden muß. Schließlich steigt bei
dieser Vorgehensweise die Größe des für die rechnerinterne

Gestaltdarstellung benötigten Speicherplatzes stark an, da jedes
darzustellende 3D-Gestaltelement zusätzlich als abgebildetes 2D-
Gestaltelement für jede Ansicht gespeichert ist. Je mehr
Ansichten existieren, desto größer ist die RGD.

9.1.2 Darstellung ohne Speicherung der zweidimensionalen Gestaltdaten

Jedes darzustellende 3D-Gestaltelement wird mit der entsprechenden Abbildungsmatrix multipliziert und das so berechnete 2D-Ge-
staltelement ohne Speicherung direkt gezeichnet. Die 2D-Abbil-
dungen existieren also nur temporär. Bei dieser Lösung stellen
allein die Abbildungsmatrizen der jeweiligen Ansichten das Bindeglied zwischen Konstrukteur und RGD dar.
Vorteil bei dieser Vorgehensweise ist, daß sämtliche Änderungen
der 3D-Gestaltdaten automatisch in allen Ansichten nachgehalten
werden, da eben nur die real 3D-Geometrie dargestellt wird.
Weiterhin ist eine Änderung des Betrachtungswinkels sehr einfach
möglich, indem nur die entsprechenden Abbildungsmatrizen geändert
werden. Die Größe der RGD ist praktisch unabhängig von der Zahl
der Ansichten, da jede Ansicht nur in Form einer Abbildungsmatrix
existiert. Zur Identifizierung eines Gestaltelementes muß jeweils
das gesamte 3D-Modell in die Ansicht, in der identifiziert wurde,
umgerechnet werden.
Nachteilig ist hierbei, daß infolge fehlender 2D-Geometrie keine
Zeichnungen erstellt werden können bzw. Ergänzungen von Zusatzinformationen nur sehr schwer möglich sind. Die im System vorhandenen 2D-Funktionen können nicht angewendet werden, da keine 2D-Ge-
staltelemente vorhanden sind. Anders herum ausgedrückt, können
auf diese Weise keine nur mit dreidimensionalen Gestaltdaten
erzeugbaren Gestaltelemente (z.B. Durchdringungskurven) für eine
2D-Konstruktion genutzt werden.

Vergleicht man beide Vorgehensweisen mit den Anforderungen aus
den Kapiteln 3 und 4, so wird ersichtlich, daß die optimale
Lösung aus einer Kombination beider Vorgehensweisen besteht. Die

Darstellung dreidimensionaler technischer Gebilde in RUKON-3D
wird deshalb wie folgt realisiert:

- Zur reinen Darstellung dreidimensionaler Gestaltdaten wird
  jedes darzustellende Gestaltelement mit der einer Ansicht
  entsprechenden Abbildungsmatrix multipliziert und direkt
  gezeichnet.

- Zur Erstellung von Zeichnungen bzw. Ergänzung von Zusatzinformationen können 3D-Gestaltelemente abgebildet und als entsprechende 2D-Gestaltelemente gespeichert werden, wobei eine Korrelation zwischen den 2D- und 3D-Gestaltelementen aufgebaut werden kann, was vom Konstrukteur festzulegen ist.

- Der Konstrukteur kann einzelne 3D-Gestaltelemente in seine 2D-
  Konstruktion übernehmen.

Die RGD des Kombinationsmodells wurde hierzu um sog. Ansichts-
datensätze erweitert. Ein solcher Ansichtsdatensatz beinhaltet
als Information zunächst nur die Lage der jeweiligen Ansicht auf
dem Ausgabegerät. Zusätzlich wird jeder Ansicht eine Abbildungsmatrix hinzugefügt, die den Betrachtungswinkel der Ansicht festlegt (Bild 9.1.1)
Werden abgebildete 3D-Gestaltelemente als 2D-Gestaltelemente gespeichert, erhält jedes 2D-Gestaltelement neben seiner Korrelation an sein ursprüngliches 3D-Gestaltelement zusätzlich eine
Zuordnung zu diesem Ansichtsdatensatz. Da das bereits vorhandene
2D-System RUKON-2D ebenfalls mit diesen Ansichtsdatensätzen
arbeitet, wurde hiermit eine vollständige Integration des 2D-Sys-
tems in das 3D-System erzielt.
Zusammenfassend lassen sich die Eigenschaften des entwickelten
Systems zur Darstellung dreidimensionaler technischer Gebilde wie
folgt beschreiben:

  - uber die Abbildungsmatrizen stehen samtliche Ansichten
    miteinander in Verbindung.

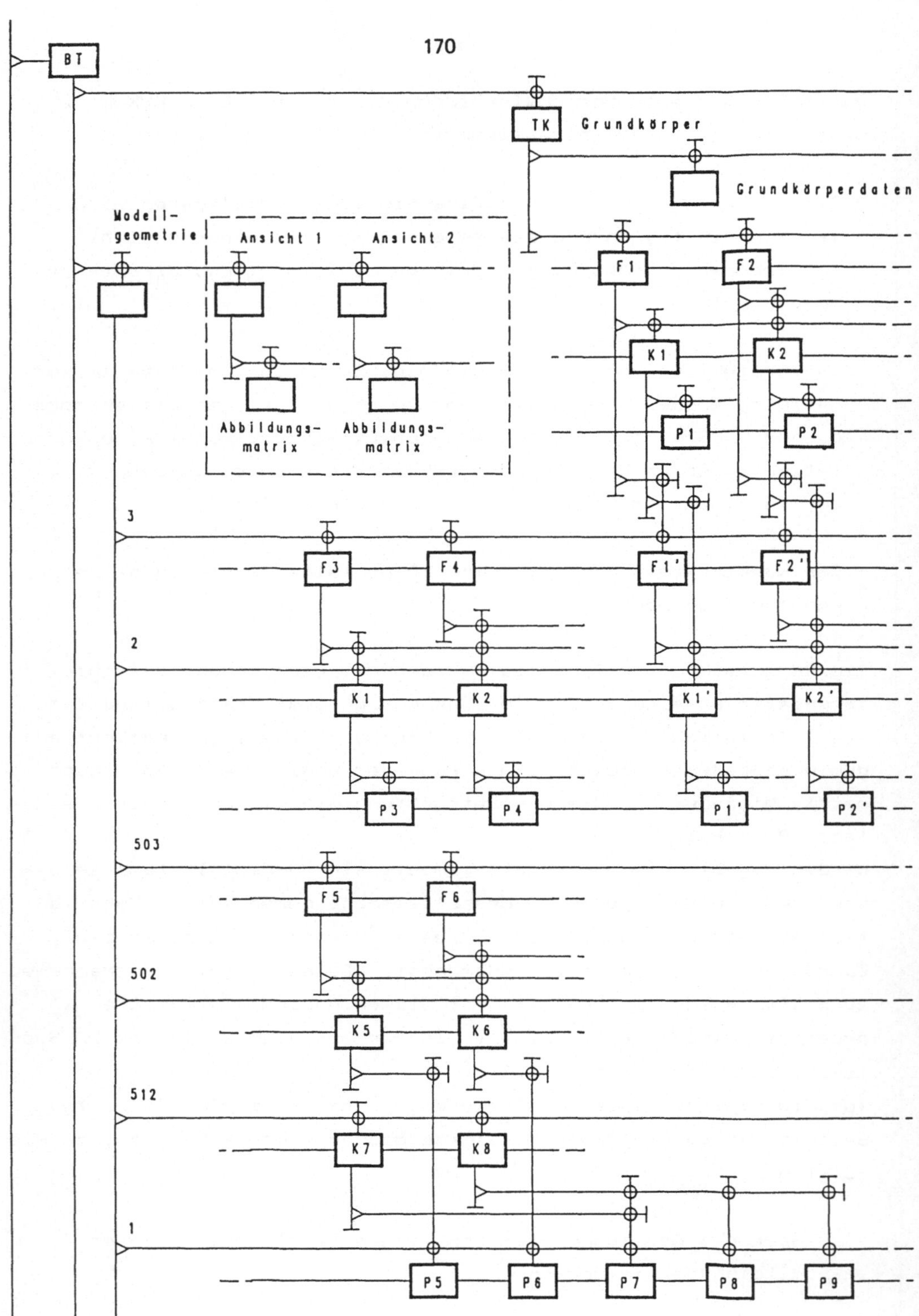

Speicherung der Abbildungsmatrizen in der RGD   Bild 9.1.1

- 2D-Darstellungen können zur weiteren Verarbeitung ganz oder
teilweise in 3D-Darstellungen überführt werden, was als
"Lesen" zu bezeichnen ist.

- 3D-Darstellungen können zur weiteren Verarbeitung ganz oder
teilweise in 2D-Darstellungen überführt werden, was als
"Schreiben" zu bezeichnen ist.

- Es sind beliebige Ansichten, d.h. beliebige Betrachtungs-
richtungen, definierbar, in denen sowohl 2D- als auch 3D-
Gestaltungsoperationen durchführbar sind. Auf diese Weise
kann also z.B. ein Konstrukteur längs einer beliebig gekrümmten Kurve ebene Schnitte konstruieren, indem er die
jeweilige Ansicht längs dieser Kurve "laufen" läßt. Bei dem
Beispiel in Bild 9.1.2 erzeugt der Konstrukteur in 6 verschiedenen Punkten der Kurve K Koordinatensysteme, deren
relative z-Achse tangential an diese Kurve verlaufen. Jedes
dieser Koordinatensysteme, die ja nichts anderes als Trans-
formationsmatrizen darstellen, wird zur Bestimmung der Lage
und Betrachtungsrichtung einer der Ansichten 1 - 6 verwendet. In diesen Ansichten werden dann jeweils zweidimensionale Gestaltelemente, also Linien und Punkte, konstruiert.
Durch die zu jeder Ansicht gehörende Transformationsmatrix
kann jedes dieser zweidimensionalen Gestaltelemente in ein
entsprechendes dreidimensionales Gestaltelement umgerechnet
werden. Auf diese Weise können also beliebig gekrümmte Flächen durch die Konstruktion ebener Schnitte auf einfache
Weise erzeugt werden.

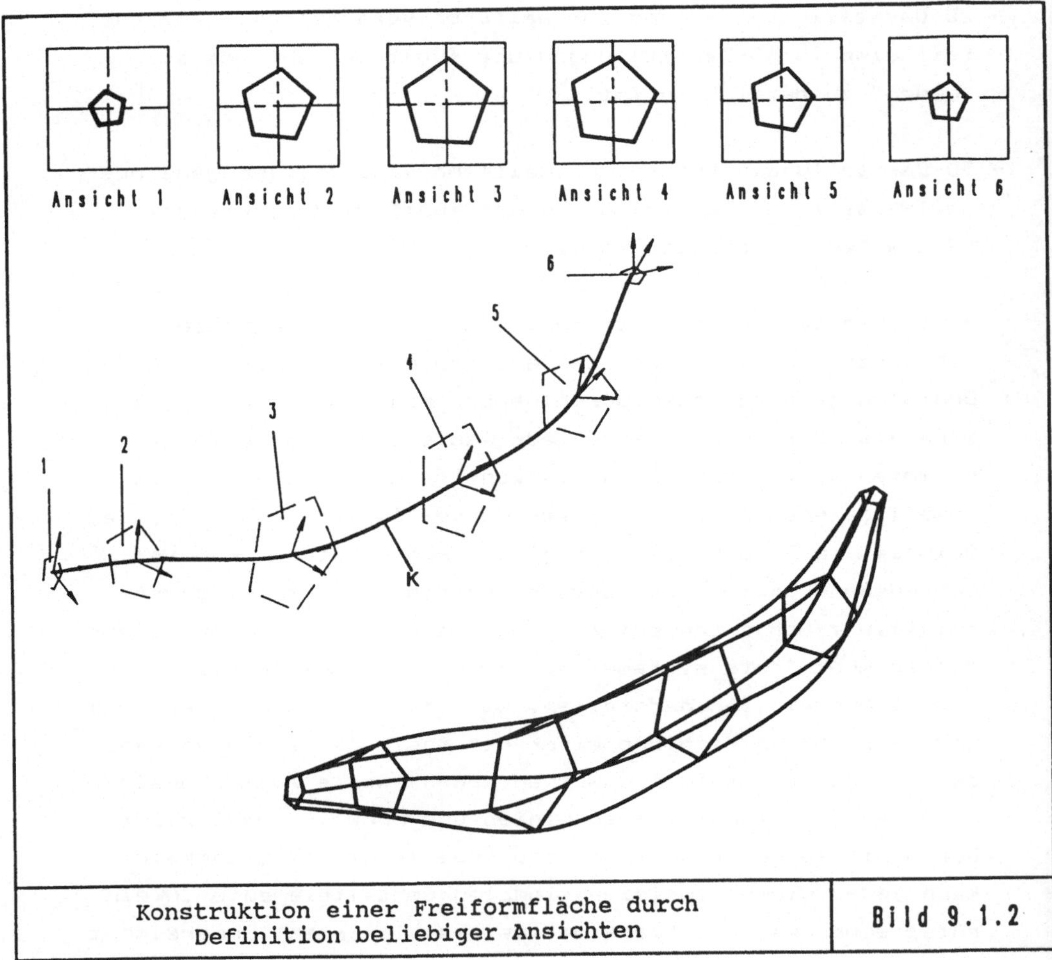

Konstruktion einer Freiformfläche durch Definition beliebiger Ansichten — **Bild 9.1.2**

9.2 Darstellung in Schnitten

Die Ausführungen im vorherigen Kapitel beinhalten auch die Möglichkeit, daß bei der Darstellung dreidimensionaler technischer Gebilde in Ansichten die gesamten 3D-Gestaltdaten, ohne Veränderung, in eine zweidimensionale Darstellungsform überführt werden. Soll eine Schnittdarstellung eines technischen Gebildes erfolgen, so werden Teile der 3D-Geometrie weggeschnitten. Diese Gestalt-

änderung erfolgt jedoch nur zur Erzeugung einer bestimmten
Darstellung in einer Ansicht. Die RGD selbst soll hierbei nicht
verändert werden. Aus diesem Grund ist es notwendig, die gesamte
3D-Geometrie zu duplizieren. Der Einfachheit halber wird bei
diesem Duplziervorgang die Geometrie bereits mit der, der
jeweiligen Ansicht entsprechenden, Abbildungsmatrix multipliziert
und an den Ansichtsdatensatz gekettet. Die Erzeugung einer
Schnittdarstellung kann daraufhin einfach durch den Schnitt des
in die Ansicht duplizierten und gedrehten 3D-Modells mit der vom
Benutzer definierten Schnittebene erfolgen. Ob die so erzeugte
2D-Geometrie nach der Darstellung gespeichert oder wieder
gelöscht wird, bleibt dabei der Entscheidung des Konstrukteurs
überlassen.
Bild 9.2.1 zeigt die automatisch durchgeführte Darstellung eines
einfachen dreidimensionalen Bauteils in einem Schnitt und drei
Ansichten.

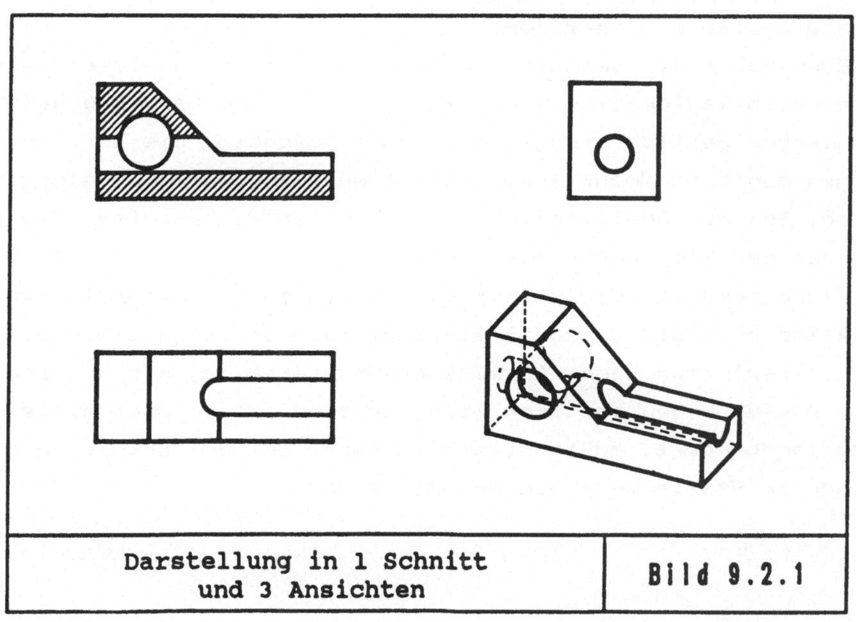

9.3 Sichtbarkeitsklärung technischer Gebilde

Ist ein dreidimensionales technisches Gebilde als Volumenmodell
beschrieben, so ist es infolge der Eindeutigkeit der RGD möglich,
automatisch eine sichtbarkeitsgeklärte Darstellung (= Hidden-
Line) der jeweiligen Ansichten und Schnitte durchzuführen.
Aus der Literatur sind hierzu eine Reihe von Verfahren bekannt,
die jeweils gewisse Vor- und Nachteile besitzen, welche von
Müller /8/ ausführlich dargestellt und analysiert wurden. Sie
eignen sich entweder nur für technische Gebilde, die
ausschließlich von analytisch beschreibbaren Flächen berandet
werden, oder nur für solche mit ausschließlich analytisch nicht
beschreibbaren Oberflächen. Von Müller selbst wurde ein Verfahren
vorgestellt, mit dem eine Kombination beider Flächenformen erlaubt ist. Dieses Verfahren erweist sich jedoch nicht als allge-
meingültig, da es nur für die Spezialfälle nicht analytischer
Translations- und/oder Rotationsflächen geeignet ist. Im allgemeinen Fall einer beliebig gekrümmten Freiformfläche muß der
Benutzer helfend eingreifen.
Für RUKON-3D mußte deshalb ein neues Verfahren entwickelt werden,
das eine vollautomatische Sichtbarkeitsklärung beliebig geformter
technischer Gebilde ermöglicht, wobei besonders die bei Freiformflächen möglichen mehrfachen Selbstverdeckungen berücksichtigt
wurden. Bei der Realisierung war weiterhin zu beachten, daß es
sich bei der Sichtbarkeitsklärung nur um eine spezielle Darstellungsform handelt, die keinerlei Beitrag zu der eigentlichen Konstruktion beinhaltet, sodaß ein Konstrukteur längere Wartezeiten
nicht akzeptieren kann. Da es sich andererseits, wie aus den weiteren Ausführungen deutlich wird, um eine extrem rechenintensive
Operation handelt, mußte dieser Tatsache bei der Entwicklung ein
besonderer Stellenwert eingeräumt werden.

9.3.1 Ablauf der Sichtbarkeitsklärung

Das entwickelte Verfahren zur Sichtbarkeitsklärung technischer
Gebilde, die als Volumenmodell beschrieben sind, läuft in mehreren aufeinanderfolgenden Einzelschritten ab, die in Bild 9.3.1.1
dargestellt sind:

- Holen aller Gestaltelemente des Volumenmodells. Hierzu werden
  alle unter dem Modelldatensatz der RGD gespeicherten Flächen
  des Volumenmodells mit ihren Konturelementen und Punkten in den
  Arbeitsspeicher geholt.

- Multiplizieren der Gestaltdaten mit der der jeweiligen Ansicht
  entsprechenden Abbildungsmatrix. Liegt eine Ebene vor, so kann
  direkt geprüft werden, ob sie sichtbar oder unsichtbar ist. Da
  bei dem verwendeten Volumenmodell der Normalenvektor einer
  Fläche immer vom Material wegzeigt, ist eine Ebene dann unsichtbar, wenn ihr Normalenvektor vom Betrachter wegzeigt.
  Hiermit ist keine Ebene gemeint, die zwar prinzipiell sichtbar
  ist, die jedoch von anderen Flächen völlig verdeckt wird.
  (Bild 9.3.1.1A).

- Speichern aller mit der Abbildungsmatrix multiplizierten
  Gestaltdaten als neue Gestaltelemente in einer eigenen,
  temporären Speicherungsstruktur, die in Kap.9.3.3 genauer
  erläutert wird. Alle weiteren Schritte laufen nur noch in
  dieser, auch als Hidden-Line-Struktur bezeichneten Struktur ab.

- Holen aller ein- oder mehrfach gekrümmten Oberflächen

- Berechnung der Sichtkanten (=virtuelle Kanten) der jeweiligen
  Fläche, die diese in sichtbare und unsichtbare Bereiche
  aufteilt (Bild 9.3.1.1B).

- Aufteilung der Konturelemente der gekrümmten Flächen in Teile,
  die zum sichtbaren Flächenbereich gehören und solche, die zum
  unsichtbaren Flächenbereich gehören. Letztere werden für die

weitere Sichtbarkeitsklärung gekennzeichnet, sodaß sie bei der
Bearbeitung der sichtbaren Flächenbereiche übergangen werden.
Im Gegensatz zu den bekannten Verfahren werden die Flächen
nicht in mehrere kleiner Flächen aufgeteilt (Bild 9.3.1.1C).

- Konturelemente bzw. Konturelementbereiche, die zu 2 unsichtbaren Flächen bzw. Flächenbereichen gehören, werden als
  unsichtbar gekennzeichnet (Bild 9.3.1.1D).

- Berechnung der minimalen und maximalen Ausdehnung aller sichtbaren Flächen bzw. Flächenbereiche im Raum (Bild 9.3.1.1E).

- Falls analytisch nicht beschreibbare Oberflächen vorhanden
  sind, werden diese auf ein- oder mehrfache Selbstverdeckung
  überprüft.

- Jede sichtbare Fläche bzw. jeder sichtbarer Flächenbereich wird
  mit allen anderen auf mögliche gegenseitige Verdeckung überprüft (Bild 9.3.1.1F-H). Prinzipiell werden immer 2 Flächen in
  mehreren aufeinanderfolgenden Stufen miteinander verglichen:

1.Stufe: Anhand der minimalen und maximalen Ausdehnungen der
         beiden zu vergleichenden Flächen testen, ob diese sich
         überlappen. Wenn nicht, können sich die beiden Flächen
         nicht verdecken und es kann zur nächsten Flächenpaa-
         rung übergegangen werden.

2.Stufe: Feststellen, welche der beiden Flächen vor welcher
         liegt. Kann dies nicht eindeutig ermittelt werden, da
         beide Flächen sich möglicherweise gegenseitig
         verdecken, wird zunächst die Fläche als "vorne"
         liegend angenommen, die dem Betrachter am nächsten
         liegt, d.h. die den größten z-Wert besitzt. Diese
         Reihenfolge der Flächen in Betrachtungsrichtung nennt
         man auch Tiefenstaffelung.

3.Stufe: Ermittlung aller Schnittpunkte der
berandenden Konturelemente beider Flächen in der
Ansichtsebene. Falls die Tiefenstaffelung nicht
eindeutig ist, wird bei jedem Schnittpunkt getestet,
ob an dieser Stelle die gewählte Tiefenstaffelung
korrekt ist. Wenn nicht, wird dieser Schnittpunkt
zunächst übergangen.

4.Stufe: Aufteilung der Konturelemente der verdeckten Fläche
durch die entsprechenden Schnittpunkte

5.Stufe: Testen, welche Konturelemente bzw. Teile von
Konturelementen sichtbar oder unsichtbar sind. Liegt
ein Konturelement oder ein Teil eines Konturelementes
innerhalb der Projektion der verdeckenden Fläche auf
die Ansichtsebene, so ist dieses Konturelement bzw.
Teil eines Konturelementes unsichtbar, liegt es aus-
serhalb, ist es sichtbar.

6. Stufe: Falls die beiden Flächen sich gegenseitig verdecken,
müssen die Stufen 3 - 5 mit vertauschten Flächen
erneut durchlaufen werden.

7.Stufe: Darstellen der sichtbaren und - wenn vom Konstrukteur
erwünscht - der unsichtbaren Konturelemente bzw. Teile
von Konturelementen auf dem Ausgabegerät.

Die strikte Aufeinanderfolge der einzelnen Schritte wurde hier
nur zur Verdeutlichung gewählt. Bei der programmtechnischen
Realisierung wurden zum Vermeiden unnötiger Lesevorgänge jeweils
mehrere Schritte zusammengefaßt.
Die Besonderheit des entwickelten Verfahrens liegt jedoch nicht
in der Abfolge der einzelnen Schritte, die bis auf einige Opti-
mierungen im wesentlichen mit bekannten Verfahren zur Verarbeitung analytische beschreibbarer Oberflächen übereinstimmen, son-

dern in der Tatsache, daß analytisch nicht beschreibbare Oberflächen in dieses Verfahren eingebunden wurden. Die sich hieraus
ergebenden Problemstellungen sollen im folgenden ausführlich
erläutert werden.

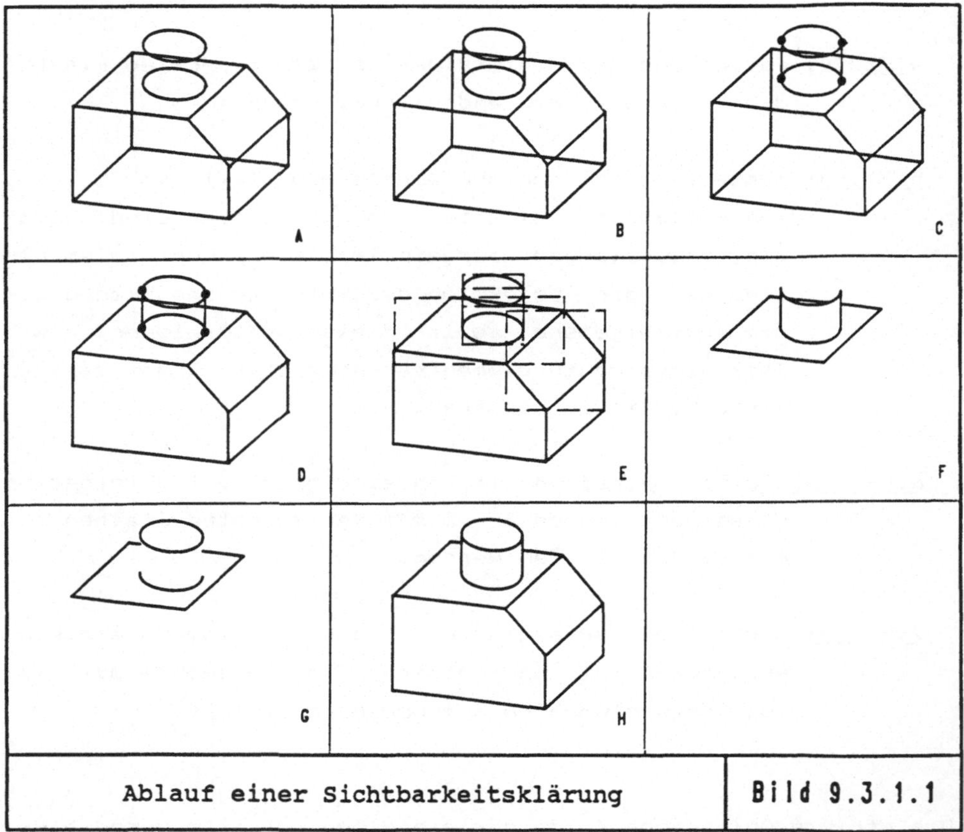

Ablauf einer Sichtbarkeitsklärung | Bild 9.3.1.1

9.3.2 Sichtbarkeitsklärung beliebig geformter Oberflächen

Aus der Möglichkeit, analytisch beschreibbare und analytisch nicht beschreibbare Oberflächen darzustellen, ergeben sich für ein Verfahren zur Sichtbarkeitsklärung 2 Lösungsansätze:

- Darstellung der Freiformflächen durch ein Netz vieler kleiner Ebenen (= Netzverfahren)

- Darstellung der Freiformflächen durch ihre erzeugenden Gittersplines

Beim Netzverfahren wird zwischen und entlang der erzeugenden Gittersplines je nach gewünschter Darstellungsgenauigkeit anhand beliebiger Flächenpunkte eine bestimmte Anzahl von Ebenen gelegt, die die Gestalt der Freiformfläche approximieren. Diese Ebenen werden durch folgende Daten beschrieben:

- Normalenvektor der Ebene (3 Werte)
- 3 Punkte (=9 Koordinaten) zur Festlegung der Begrenzungen der Ebenen

Pro Ebene werden somit also 12 Daten benötigt. Die Sichtbarkeitsklärung berücksichtigt dann nur noch diese Ebenen. Es wird also keine Sichtbarkeitsklärung der tatsächlichen Freiformfläche durchgeführt. Da diese approximierenden Ebenen mit den bekannten Verfahren für analytisch beschreibbare Oberflächen verarbeitet werden können, wird diese Vorgehensweise in den meisten zur Zeit eingesetzten CAD-Systemen angewandt.
Bei der Darstellung mittels erzeugender Gittersplines werden in beiden Parameterrichtungen entlang der Gittersplines in einzelnen Punkten Normalenvektoren auf der Freiformfläche berechnet, die infolge der Eindeutigkeit des Volumenmodells stets vom Material wegzeigen. Bild 9.3.2.1 zeigt, wie durch Bildung des Skalarproduktes der Sichtgeraden s und des Normalenvektors n die sichtbaren und unsichtbaren Flächenbereiche dadurch ermittelt werden können.

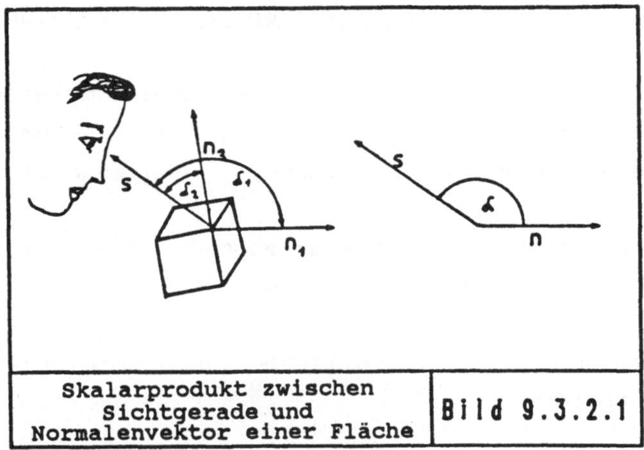

<table>
<tr><td>Skalarprodukt zwischen
Sichtgerade und
Normalenvektor einer Fläche</td><td>Bild 9.3.2.1</td></tr>
</table>

Der zu den Normalenvektoren gehörende Punkt ist unsichtbar, wenn
das Skalarprodukt negativ ist, er ist sichtbar, wenn das Skalarprodukt positiv ist. Auf diese Weise lassen sich alle Punkte ermitteln, an denen die Sichtbarkeit umschlägt, d.h. der Winkel
zwischen Betrachter und Normalenvektor 90 Grad beträgt. Die
Sichtkanten der Freiformfläche ergeben sich dann durch die Verbindung dieser Punkte durch eine geeignete Kurve (z.B. B-Spline).
Infolge mehrfacher Krümmungen können sich Freiformflächen in
einzelnen Bereichen selbst verdecken. Zur Ermittlung dieser
Bereiche werden mit vorhandenen sichtbaren Teilbereichen sog.
Fenster aufgespannt, die alles verdecken, was hinter ihnen liegt.
Dazu werden immer zwei direkt aufeinander folgende Gittersplines
betrachtet. Diese legen das Sichtfenster durch ihren gemeinsamen
sichtbaren Bereich fest, mit dem alle sichtbaren Gittersplines
der Fläche verglichen werden.
Die Auswahl eines der beiden Verfahren erfolgte mit dem Ziel,
möglichst kurze Rechenzeiten zu erreichen. Aus den qualitativen
Kurven in Bild 9.3.2.2 wird deutlich, daß das Gitterspline-
Verfahren mit steigender Zahl der Stützpunkte und somit mit
steigender Komplexität der Freiformfläche eindeutig günstiger
wird. Zu begründen ist dies damit, daß bei Verwendung des
Netzverfahrens die Anzahl der einzelnen Flächen (Ebenen) immer

größer wird. Da jede Fläche mit allen anderen verglichen werden
muß, steigt damit die Rechenzeit stark an. Bei dem Gitterspline-
Verfahren bleibt die Anzahl der Flächen konstant. Aus diesem
Grund wurde dieses Verfahrens entschieden.

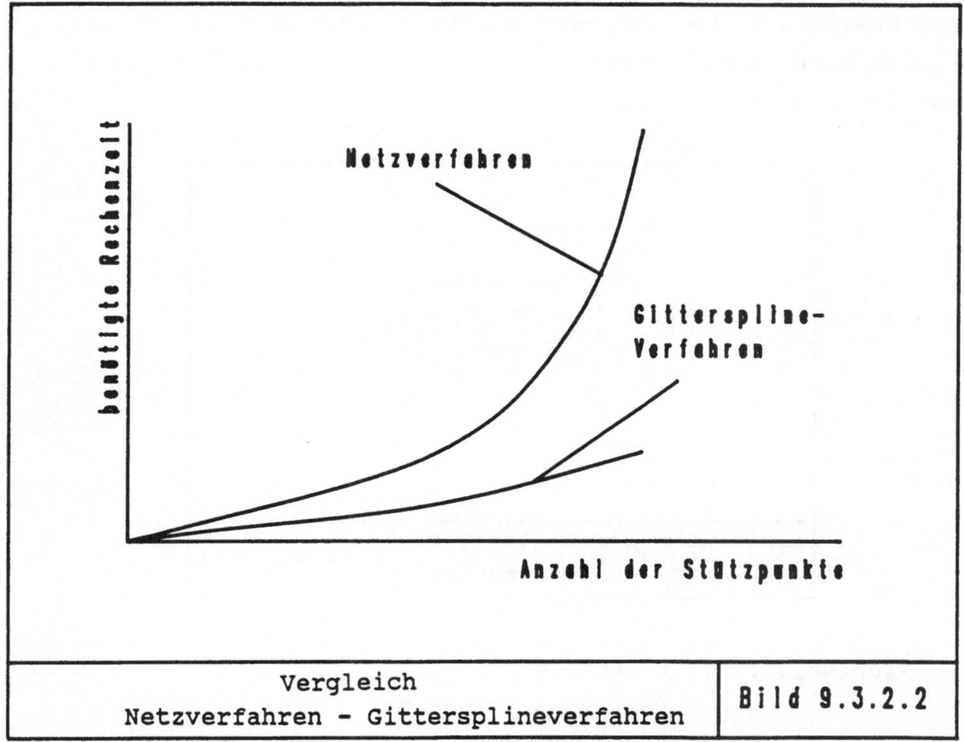

<table>
<tr><td>Vergleich
Netzverfahren - Gittersplineverfahren</td><td>Bild 9.3.2.2</td></tr>
</table>

Ausgehend von einer Freifläche werden in beide Parameterrichtungen entlang der einzelnen Gittersplines die Änderungen der Sicht-
barkeiten markiert. Dabei wird folgendermaßen vorgegangen:
Der erste Spline wird ausgewählt und an seinem Anfangspunkt der
Normalenvektor berechnet. Mit diesem und der Sichtgeraden ergibt
sich das oben beschriebene Skalarprodukt. Je nachdem, ob dieses
negativ oder positiv ist (unsichtbar oder sichtbar), erhält
dieser Punkt eine entsprechende Kennung (z.B. -1 oder +1). Längs
des Splines werden nun bis zu seinem Endpunkt Punkte und Norma

lenvektoren berechnet. Ändert sich die Sichtbarkeit, d.h ändert
sich das Skalarprodukt von positiv nach negativ oder von negativ
nach positiv, wird der zu dem jeweiligen Punkt gehörende Parameter des Gittersplines ebenfalls abgespeichert. Dieses Verfahren
muß in beiden Parameterrichtungen der Fläche unabhängig voneinander für jeden einzelnen Gitterspline durchgeführt werden. Für
eine Freiformfläche, wie sie in Bild 9.3.2.3 dargestellt ist,
ergeben sich damit für die einzelnen Gittersplines folgende
Umschlagparameter:

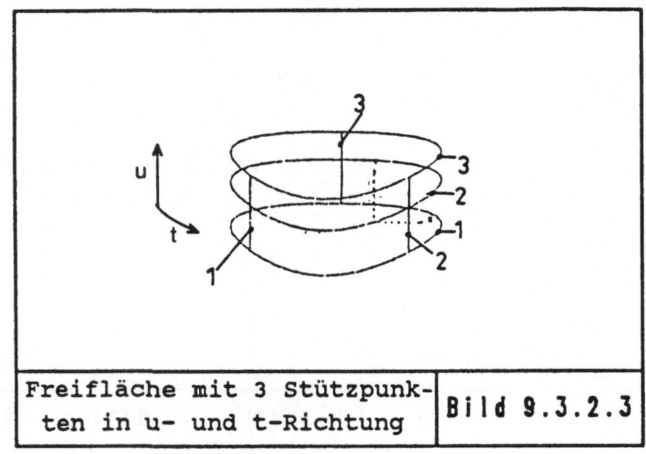

Freifläche mit 3 Stützpunk- ten in u- und t-Richtung	Bild 9.3.2.3

```
u - Richtung: 1. Gitterspline:  +1   3
              2. Gitterspline:  +1   3
              3. Gitterspline:  -1   3
t - Richtung: 1. Gitterspline:  +1   2,5   3,8   4
              2. Gitterspline:  +1   2,5   3,8   4
              3. Gitterspline:  +1   2,5   3,8   4
```

Um die unsichtbaren Teilbereiche der Freiformfläche zu erhalten,
genügt es, festzustellen, ob der Anfangsparameter jedes Gittersplines die Kennung sichtbar oder unsichtbar besitzt. Mit dieser
Kenntnis kann dann sehr leicht auf die unsichtbaren Teilbereiche
geschlossen werden. Für die Freiformfläche in Bild 9.3.2.3 ergibt
sich damit:

```
u-Richtung: 1. Gitterspline: kein unsichtbarer Bereich
            2. Gitterspline: kein unsichtbarer Bereich
            3. Gitterspline: vollständig unsichtbar
t-Richtung: 1. Gitterspline: unsichtbar von 2,5 bis 3,8
            2. Gitterspline: unsichtbar von 2,5 bis 3,8
            3. Gitterspline: unsichtbar von 2,5 bis 3,8
```

Mit dieser nun vorhandenen Unterscheidung in sichtbare und unsichtbare Teilbereiche der Freiformfläche können die selbst-
verdeckten Teilbereiche ermittelt werden. Dazu wird mit jeweils
zwei "benachbarten" Gittersplines ein "Fenster" aufgespannt,
welches dem gemeinsamen sichtbaren Bereich dieser beiden Gittersplines entspricht. Der in Bild 9.3.2.4 dargestellte Teilbereich
einer Freiformfläche soll dies verdeutlichen.

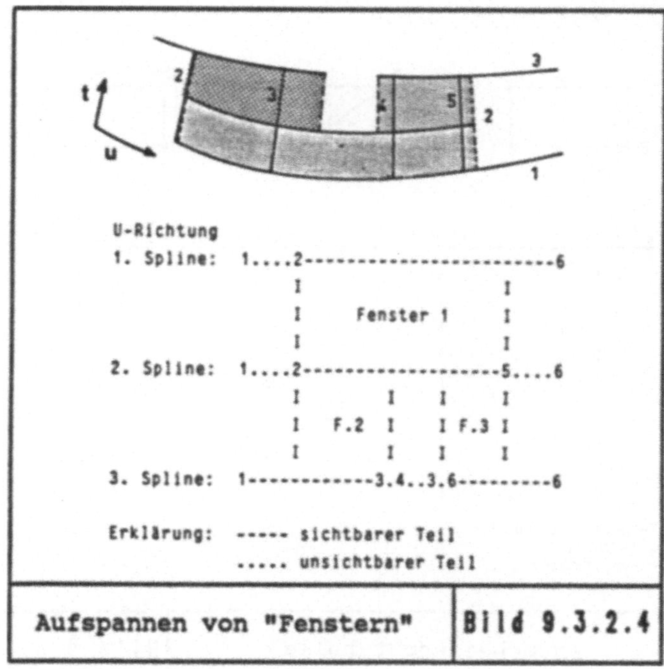

Aufspannen von "Fenstern"	Bild 9.3.2.4

Mit diesen Fenstern werden alle Gittersplines der Freiformfläche,
außer diejenigen, mit denen das jeweilige Fenster aufgespannt
ist, verglichen. Je nachdem, wie die Gittersplines liegen und wo

sich ihr Anfangs- oder Endpunkt befindet, können unterschiedliche Bereiche der Gittersplines verdeckt werden. Bild 9.3.2.5 demonstriert alle möglichen Fälle, wobei zur Vereinfachung das verdeckende Fenster rechteckig dargestellt wird. Tatsächlich können diese jedoch beliebig geformt sein.

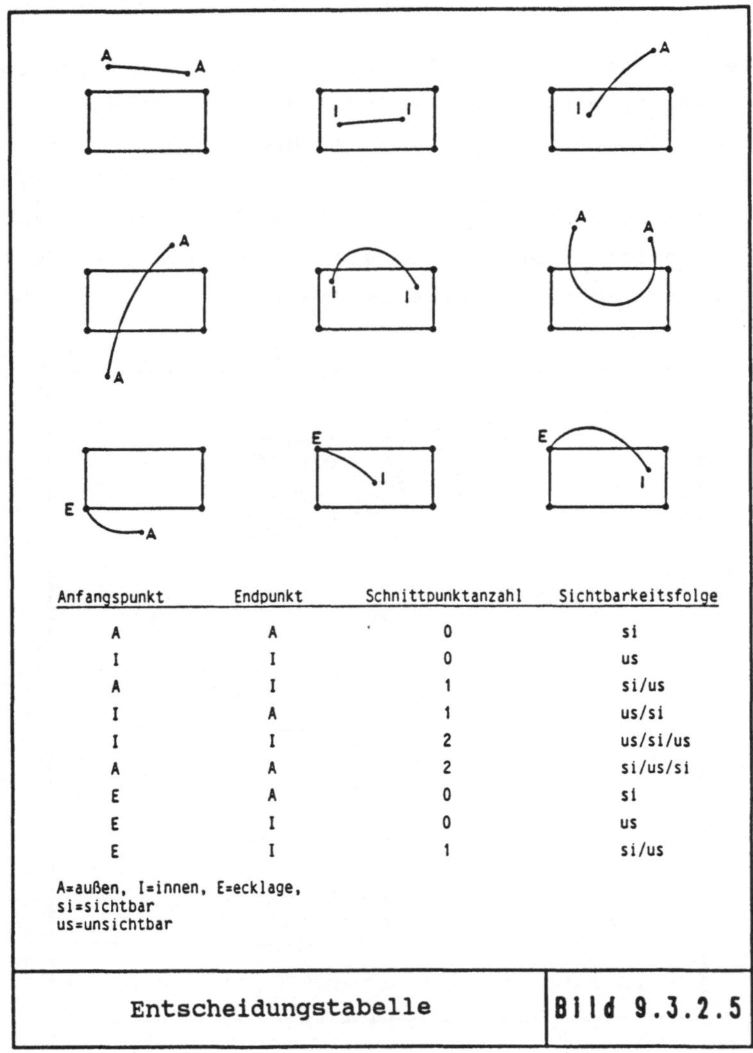

Anfangspunkt	Endpunkt	Schnittpunktanzahl	Sichtbarkeitsfolge
A	A	0	si
I	I	0	us
A	I	1	si/us
I	A	1	us/si
I	I	2	us/si/us
A	A	2	si/us/si
E	A	0	si
E	I	0	us
E	I	1	si/us

A=außen, I=innen, E=ecklage,
si=sichtbar
us=unsichtbar

Entscheidungstabelle — **Bild 9.3.2.5**

Durch dieses einfache Verfahren ist es möglich, automatische selbstverdeckte Bereiche beliebig gekrümmter Freiformflächen vom

System finden zu lassen. Zur Klärung der Bereiche der Freiformfläche, die andere Flächen verdecken bzw. von anderen Flächen
verdeckt werden, genügt es, die einzelnen Gittersplines auf die
oben beschriebene Weise wie gewöhnliche Konturelemente mit den
berandenden Konturelementen der anderen Flächen oder, falls vorhanden, mit den Gittersplines weiterer Freiformflächen zu ver-
schneiden. Das Beispiel in Bild 9.3.2.6 demonstriert die Leistungsfähigkeit des Verfahrens anhand   einer torusförmigen
Freiformfläche.

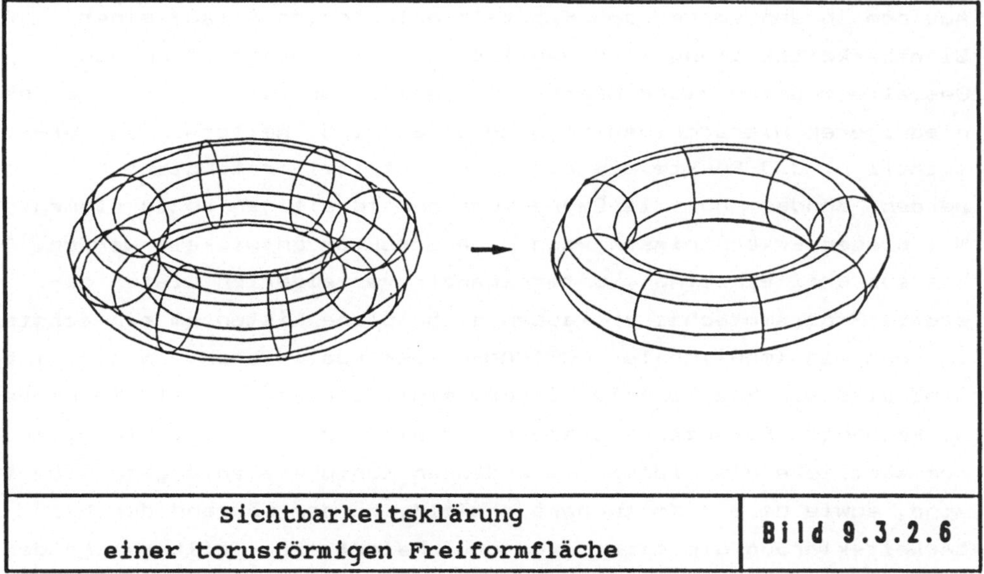

Sichtbarkeitsklärung
einer torusförmigen Freiformfläche

Bild 9.3.2.6

9.3.3 Aufbau der Speicherungsstruktur zur Sichtbarkeitsklärung

Wie bereits erwähnt, wird zu Beginn der Sichtbarkeitsklärung des
rechnerinterne Volumenmodell Ansicht für Ansicht mit der jeweiligen Abbildungsmatrix multipliziert und in eine sog. Hidden-Line-
Struktur gespeichert, die den Anforderungen an eine möglichst
geringe Rechenzeit gerecht wird.
Die Verwendung einer separaten Struktur ist deswegen notwendig,
weil bei der Sichtbarkeitsklärung Veränderungen der Gestaltelemente stattfinden. So können zum Beispiel Konturelemente in

sichtbare und unsichtbare Teile aufgeteilt werden. Hierdurch wird die tatsächliche Gestalt eines technischen Gebildes jedoch so verändert, daß sie nicht mehr der eines realen technischen Gebildes entspricht. Da diese Struktur einzig zur temporären Erzeugung einer sichtbarkeitsgeklärten Darstellung benötigt wird, kann sie auch speziell auf die dabei ablaufenden Schreib- und Lesevorgänge angepaßt werden. Bereits /6,21/ erwähnten, daß sich die bisher verwendete ASP-Struktur infolge ihres hohen Verwaltungsaufwandes nur schlecht für Operationen eignet, bei denen es allein auf schnelle Schreib- und Lesevorgänge ankommt. Aus dem in den vorherigen Kapiteln erläuterten Ablauf einer Sichtbarkeitsklärung wird deutlich, daß im wesentlichen von Gestaltelementen einer Hierarchieebene zu Gestaltelementen einer niedrigeren Hierarchieebene gesprungen wird. Weiterhin ist er- sichtlich, daß Punkte als einzelne Gestaltelemente nicht benötigt werden, sondern nur als Begrenzung der jeweiligen Konturelemente. Mit diesen Erkenntnissen kann eine Struktur entwickelt werden, die aus drei einzelnen, untereinander verzeigerten Listen be- steht. Programmtechnisch lassen sich solche Listen am einfachsten in Form eindimensionaler FORTRAN-Felder realisieren. Im einzelnen sind dies ein Flächenfeld, in dem sämtliche Flächen mit ihren be- schreibenden Parametern gespeichert sind, um ein Konturfeld, in dem sämtliche die Flächen berandenden Konturelemente gespeichert sind, sowie um ein Konturbereichsfeld, in dem während der Sicht- barkeitsklärung die sichtbaren und unsichtbaren Teilbereiche der Konturelemente gespeichert werden. Diese drei Felder sind unter- einander derart verzeigert, daß eine Fläche nur auf ihre beran- denden Konturelemente "zeigt" und jedes Konturelement nur auf seine eigenen sichtbaren und unsichtbaren Teilbereiche (Bild 9.3.3.1).

Nach Beendigung der eigentlichen Sichtbarkeitsklärung genügt es dann, alle Konturelemente des Konturfeldes zu holen und, je nach ermittelten sichtbaren und unsichtbaren Bereichen, darzustellen. Wie bereits erläutert, bietet sich auch hierbei die Möglichkeit, eine rein temporäre Darstellung zu erzeugen oder die berechneten Darstellungsdaten in Form zweidimensionaler Gestaltelemente für die weitere Verarbeitung in der RGD zu speichern.

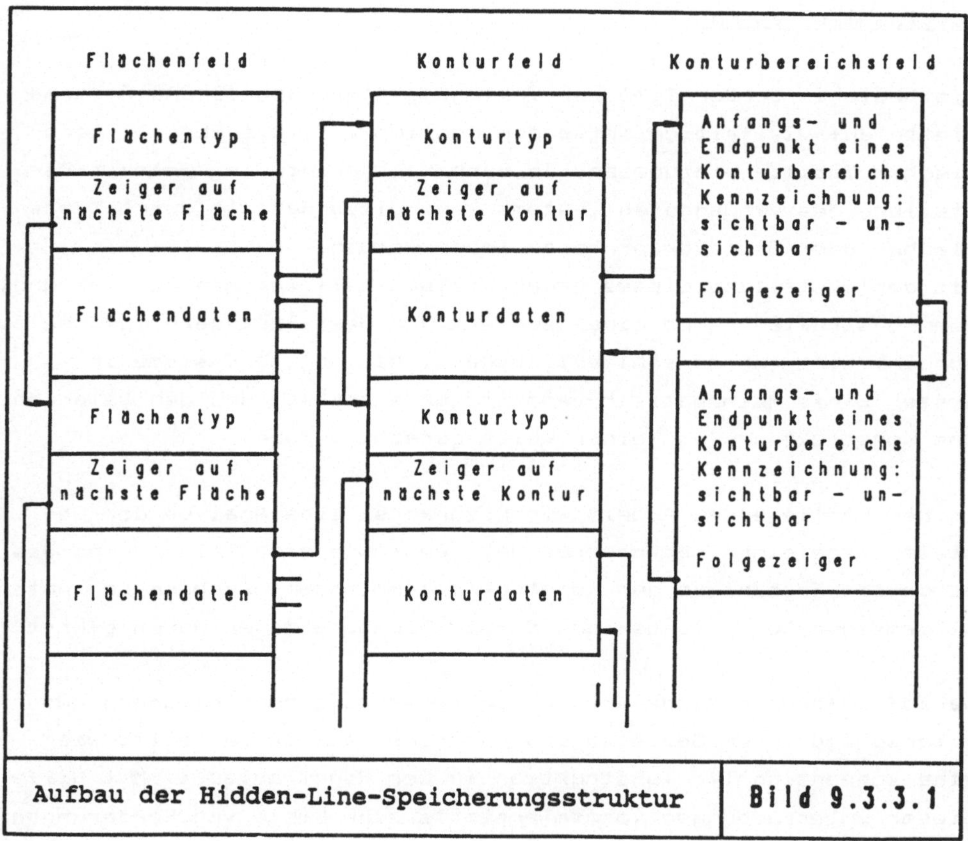

Aufbau der Hidden-Line-Speicherungsstruktur | Bild 9.3.3.1

10. Zusammenfassung

Die heute in großer Zahl zur Verfügung stehenden 3D-CAD-Systeme
bieten auf vielfältige Weise die Möglichkeit, die Gestalt technischer Gebilde einzugeben. Je nach rechnerinterner Gestalt-Darstellung des verwendeten Systems kann diese Gestalt durch Kanten,
Flächen oder Grundkörper beschrieben werden.
Mit der Erstellung dieses neuen Hilfsmittels war man der Meinung,
dem Konstrukteur auch eine neue Art der Gestalteingabe zumuten zu
können. Dies führte schließlich dazu, daß solche Systeme in
erster Linie mathematisch-geometrisch ausgelegt und den Belangen
des Konstrukteurs in keiner Weise gerecht wurden.

In der vorliegenden Arbeit wurde zunächst eine Analyse der Gestalt allgemeiner technischer Gebilde sowie eine Erläuterung des
durch die Ergebnisse der Konstruktionsmethodenforschung bekannten
allgemeinen Gestaltungs- und Darstellungsprozesses durchgeführt.

Darauf aufbauend wurde anhand konkreter Aufgabenstellungen aus
unterschiedlichen Gebieten des Maschinenbaus dargestellt, wie
eine konventionelle Konstruktion in der Regel abläuft. Mit Hilfe
dieser Untersuchungen konnte erstmals eine Liste von Forderungen
an ein allgemeines 3D-CAD-System formuliert werden, die in erster
Linie die Belange des Konstrukteurs berücksichtigen und die zur
Gestaltung und Darstellung technischer Gebilde mit beliebig geformten Oberflächen zu erfüllen sind.

Eine Untersuchung der für die rechnerinterne Gestalt-Darstellung
in 3D-CAD-Systemen möglichen Modelle Kanten-, Flächen-, Flächen-
begrenzungs- und Vollkörpermodell ergab, daß keines dieser Modelle allein den Anforderungen des Gestaltungs- und Darstellungsprozesses gerecht wird. Mit der Entwicklung des Kombinationsmodells,
das alle Eigenschaften dieser Modelle in sich vereint, wurde in
dieser Arbeit deshalb zunächst eine entsprechende rechnerinterne
Gestalt-Darstellung zur Verfügung gestellt.

Für die mathematische Beschreibung beliebig geformter Konturelemente und Flächen wurden die wichtigsten aus der Literatur bekannten Verfahren miteinander verglichen. Dabei ergab sich, daß die interpolierenden B-Splines bzw. B-Spline-Flächen in Parameterform den Anforderungen eines Konstrukteurs bezüglich Handhabung und Genauigkeit am ehesten gerecht werden.

Zur Speicherung der rechnerinternen Gestalt-Darstellung als Kombinationsmodell wurde eine Speicherungsstruktur vorgestellt, die auf der aus der Literatur bekannten ASP-Struktur basiert. Sie ermöglicht, daß ein dreidimensionales technisches Gebilde gleichzeitig in Form eines Kanten-, Flächen- und Volumenmodells vorliegen kann, wobei eine strikte Trennung der Gestaltelemente der einzelnen Modelle voneinander gewährleistet ist. Sie schafft somit die Voraussetzung, schrittweise die vollständige Gestalt technischer Gebilde beginnend bei der Konstruktion einzelner Punkte und Konturelemente uber die Gestaltung einzelner Oberflächen bis hin zur Festlegung von Art und Lage des Werkstoffs zu entwickeln.

Um den Erfordernissen des Gestaltungs- und Darstellungsprozesses technischer Gebilde gerecht zu werden, wurden in einem weiteren Teil dieser Arbeit Eingabemethoden für die Gestaltelemente, die aufgrund der Forderungen mit einem allgemeinen 3D-CAD-System handhabbar sein müssen, zusammengestellt. Im einzelnen betrifft dies, äquivalent zu den jeweiligen Modellen, die Gestaltelemente Punkte und Konturelemente (Kantenmodell), Flächen (Flächenmodell) und Körper (Volumenmodell). Speziell für die Eingabe von Körpern wurde neben den bereits bekannten Verfahren der Eingabe und Verknüpfung von Grundkörpern ("Klötzchenmethode") und der Generierung aus zweidimensionalen Ansichten und Schnitten eine neue Methode vorgestellt, die die Gestaltung einzelner Oberflächen mit nachträglicher Synthese zu einem Volumenmodell ermöglicht.

Um die Gestaltung technischer Gebilde mit beliebig geformten Oberflächen als Volumenmodell zu ermöglichen, wurde aufgezeigt, wie mit Hilfe inaktiver Bereiche eine Trennung der Gestaltdaten

einer B-Spline-Freiformfläche von ihren berandenden Konturelementen erfolgen und wie der Normalenvektor solcher Flächen so
definiert werden kann, daß stets eine eindeutige Aussage über die
Lage des Werkstoffs ("vor" oder "hinter" der Fläche) getroffen
werden kann.

Da technische Gebilde von beliebig vielen Freiformflächen berandet sein können, mußten weiterhin Lösungen gefunden werden, mit
denen die zwischen diesen Flächen anfallenden Schnittkonturen
berechnet werden können. Hierzu sind für analytisch beschreibbare
Flächen in der einschlägigen Literatur eine Reihe von Verfahren
bekannt, sodaß zur Implementierung lediglich ein Vergleich und
Auswahl des günstigsten Verfahren durchgeführt wurde. Für die
Ermittlung der Schnittkurven von B-Spline-Freiformflächen und
analytischen Flächen bzw. von zwei B-Spline-Freiformflächen sind
in der einschlägigen Literatur jedoch lediglich Verfahren bekannt, die sich entweder nicht für B-Spline-Flächen mit allgemeiner Form eignen oder die analytische Flächen nicht berucksichti-
gen. Aus diesem Grund wurde in dieser Arbeit ein neues Verfahren
vorgestellt, das bezüglich der Gestalt der B-Spline-Flächen
keinen Restriktionen unterliegt. Es gewährleistet die Ermittlung
aller Schnittkurven zwischen einer B-Spline-Fläche und einer
beliebigen anderen, vom System erfaßbaren Fläche.

Ein weiteres Kapitel dieser Arbeit beschäftigt sich mit den Möglichkeiten, direkt am vollständig beschriebenen, dreidimensionalen technischen Gebilde Änderungen der Gestalt durchzuführen.
Als Beispiel wurde ein Verfahren erläutert, das die Änderung von
Abmessungen in einer dem Konstrukteur gewohnten Form, d.h. durch
Eingabe einer oder mehrerer von ihm gewünschten, neuen Abmessungen. Die Berechnung der neuen Gestalt erfolgt vollautomatisch
durch die Änderung der Abmessungen der einzelnen Teiloberflächen.
Hierzu werden die Konturelemente, die die Teiloberflächen begrenzen, nicht nur als Gestaltelemente dieser Flächen betrachtet,
sondern als der geometrische Ort, an dem zwei Flächen unter bestimmten geometrischen Bedingungen aneinander stoßen. Diese geometrischen Bedingungen wiederum lassen sich als mathematische

Gleichungen und Ungleichungen formulieren und für jede Fläche in
Form von Gleichungssystemen zusammenfassen. Bei der Änderung der
Abmessung der einzelnen Flächen können durch Lösung dieser Glei-
chungssysteme mit den Parametern, die sich aus den neuen Abmessungen ergeben, für alle Flächen die Gestaltänderungen ermittelt
werden, die zur Beibehaltung einer korrekten Gestalt nötig sind.
Neben dieser allgemeinen Gestaltänderung wurde eine Lösung vorgestellt, mit der das in der Umformtechnik besonders wichtige Ver-
runden beliebiger Kanten und Ecken nach der Eingabe des jeweiligen Verrundungsradius automatisch erfolgt. Die Form der verrundeten Konturelemente kann hierbei beliebig sein. Der wesentliche
Unterschied zu bekannten Verfahren ist darin zu sehen, daß mehrere Konturelemente, die einen gemeinsamen Punkt besitzen, gleichzeitig und mit unterschiedlichen Radien verrundet werden können.
Die Gestalt der Fläche, die sich an diesem gemeinsamen Punkt daraus ergibt, wird ohne weitere Informationen seitens des Konstrukteurs vom System selbständig berechnet.

Schließlich wird zur Darstellung dreidimensionaler technischer
Gebilde erläutert, wie vom System selbständig beliebige Ansichten
und Schnitte erzeugt und in diesen zwei- oder dreidimensionale
Gestaltelemente konstruiert werden können.
Um die Darstellung komplexer Gebilde zu verdeutlichen, ist es
häufig nötig, eine Sichtbarkeitsklärung durchzuführen. Im letzten
Kapitel dieser Arbeit wurde deshalb unter Einbeziehung der in der
Literatur beschriebenen Verfahren eine Methode entwickelt, die
automatisch die Sichtbarkeitsklärung technischer Gebilde mit
beliebig geformten Oberflächen durchführen kann. Hierbei wurde
besonderer Wert auf die Erzielung möglichst kurzer Antwortzeiten
gelegt.

Zusammenfassend läßt sich sagen, daß mit der endgültigen
programmtechnischen Realisierung aller im Rahmen dieser Arbeit
entwickelten Lösungen ein 3D-CAD-System zur Verfügung steht, das
den Anforderungen des Konstrukteurs gerecht wird und durch seine
geometrischen Fähigkeiten und durch die Flexibilität der verwendeten rechnerinternen Gestalt-Darstellung ein geeignetes Hilfs-

mittel zur rechnerunterstützten Gestaltung und Darstellung technischer Gebilde mit beliebig geformten Oberflächen darstellt.

11. Literatur

/ 1/ Koller, R.   Konstruktionslehre für den Maschinenbau
Grundlagen des methodischen Konstruierens
Springer-Verlag 1985

/ 2/ Koller, R.   Gestaltsynthese von Maschinenbaugruppen
und -bauelementen
Konstruktion 34 (1982)
Heft 1, Seite 7-12

/ 3/ Koller, R.   Qualitatives Entwerfen und Gestalten von
Maschinen und Geräten
Schweizer Maschinenmarkt, Nr 34/36, 1983

/ 4/ Reimpell, J.   Vogel Fachbuch für Technik
Fahrwerktechnik: Radaufhängungen
Vogel-Buchverlag 1986, Würzburg

/ 5/ Gonauer, M.
    Schinner, P.   Drehung dreidimensionaler Objekte auf
Bildschirmen
Siemens Forsch.- und Entwickl.-Berichte
Bd. 4 (1975), Nr. 6

/ 6/ Wokurka, J.   Rechnerunterstützte Dreidimensionale
Gestaltung und Darstellung von Baugruppen
und Bauteilen
Dissertation, Aachen 1984

/ 7/ Bargele, N   PROREN2 - Eine Grafik-Software zur dreidimen-
sionalen rechnerinternen Darstellung von
Bauteilgeometrien
Dissertation, Bochum 1978

/ 8/ Müller, G.   Rechnerinterne Darstellung beliebig geformter
Bauteile
Dissertation, Berlin 1980

194

/ 9/ Wodicka, R.   Differentialgeometrie für Geodäten
Vorlesungsunterlagen, RWTH Aachen 1978

/10/ Bezier, P.E.   Numerical Control in Automobile Design on
Manufacture of Curved Surfaces
I.P.C., Science and Technology Press,
England 1972

/11/ Riesenfeld, R.F.   Applications of B-Spline Approximation to
Geometric Problems of Computer Aided Design
Dissertation, Syracuse 1972

/12/ de Boor, C.   A Practical Guide to Splines
Springer-Verlag 1978

/13/ Coons, S.A.   Surfaces for Computer-Aided Design of
Space Forms
M.I.T. Project MAC TR-41, 1967

/14/ Coons, S.A.   An Outline of the Requirements for a
Computer-Aided Design-System
Proceeding-Spring Joint Computer Conference
1963, S. 299-304

/15/ Krause, F.-L.   Systeme der CAD-Technologie für Konstruktion
und Arbeitsplanung
Forschungsberichte für die Praxis
Hanser-Verlag 1980

/16/ Clark, J.H.   3D - Design of free-form B-Spline-Surfaces
Dissertation, Utah 1974

/17/ Purgathofer, W.   Graphische Datenverarbeitung
Springer-Verlag 1985

/18/ Ersoy, M.   Wirkfläche und Wirkraum
Ausgangselemente zum Ermitteln der Gestalt
beim rechnerunterstützten Konstruieren
Dissertation, Braunschweig 1975

/19/ Lang, C.A.   A ring implemented associative structure
     Gray, J.C.   package
                      Communications of the ACM 11, Nr. 8, 1973

/20/ Pohlmann, G.   Rechnerinterne Objektdarstellungen als
                      Basis integrierter CAD-Systeme
                      Dissertation, Berlin 1980

/21/ Braid, I.C.   Designing with volumes
                      Dissertation, Cambridge 1973

/22/ Seifert, H.   Dreidimensionale CAD-Technologie
     Grätz, J.-F.   Konstruktion 1985, S. 104-108

/23/ Koller, R.   CAD-Programm ASKON zur dreidimensionalen
     Pikart, M.   Konstruktion von Bauteilen und Baugruppen
                      Industrie-Anzeiger 1982, 104. Jg., Nr. 74

/24/ Koller, R.   3D-Bauteile aus 2D-Ansichten und Schnitten
     Peters, H.-F.   Technische Rundschau, 22, 1987, S. 76-80

/25/ Spur, G.   Mathematische Verfahren zur Berechnung der
     Mayr, R.   Durchdringungskurven von Bauteilen in
                      CAD-Systemen
                      ZwF 73 (1978) 11

/26/ Peng, Q.S.   Algorithm for finding the intersection
                      lines between two B-Spline Surfaces
                      Univ. of Utah, 1984

/27/ Forsythe, G.   Computer Solution of Linear Algebraic
     Moler, C.B.   Systems
                      Engelwood Cliffs, N.J.

/28/ Altjohann, H.   Ein Beitrag zum Problem der graphischen
                      Datenverarbeitung im Rahmen der Neu- und
                      Anpassungskonstruktion
                      Dissertation, Bochum 1975

196

/29/ Braid, J.C.   Computer-aided designing of mechanical
     Lang, C.A.   components with volume building bricks
                       Pergamon Press 1974

/30/ Koller, R.   CAD - Buch

/31/ Bronstein -   Taschenbuch der Mathematik
     Semendjajew   Verlag H. Deutsch, Zürich und Frankfurt/M.

/32/ Bey, I.   Esprit Project 322: CAD*I, CAD-Interfaces
     Leuridan, J.   Status Report 3
                       KfK Karlsruhe 1987

/33/ Reinking, J.-D.   CAD-Arbeitstechnik als optimierbarer
                       Modellierungsprozeß
                       Konstruktion 39 (1987), Heft 2, S. 64-70

/34/ Foley, J.   Fundamentals of Interactive Computer
     van Dam, A.   Graphics
                       Addison-Wesley Pb.Comp., Mass. 1982

/35/ Engelken, G.   Geometrisches Modellieren beim Entwerfen
                       maschinenbaulicher Konstruktionen unter
                       Einbezug des CAD-Systems IKA
                       Dissertation, Darmstadt 1985

/36/ Dierckx, P.   An Algorithm for Surface-Fitting with
                       Spline-Functions
                       IMA Journal of Numerical Analysis (1981) 1,
                       S. 267-283

/37/ Streckhardt, F.   Integrierter CAE-Einsatz an Beispielen
     Frischbier, G.   Techn. Mitt., Krupp - Werksberichte
     Ueding, L.   Band 43 (1985), Heft 1

/39/ Noppen, R.   Rechnerunterstütztes Entwickeln und
Konstruieren
VDI-Z 118 (1976) Nr. 17/18, S.857-862

Als Zuarbeit zu dieser Dissertation wurden vom Verfasser die folgenden
Diplomarbeiten an Studenten vergeben und betreut:

Pingen, E.   Anforderungen an ein 3D-CAD-System zur
Gestaltung und Darstellung analytisch nicht
beschreibbarer Oberflächen am Beispiel eines
Kfz-Schräglenkers

Fischer-Helwig, F.   Eingabe analytisch nicht beschreibbarer
Flächen in ein 3D-CAD-System und ihre
mathematisch-geometrische Verarbeitung

Becker, I.   Entwicklung eines Verfahrens zur automatischen
Gestaltänderung dreidimensionaler technischer
Gebilde durch Schwindmaßkorrekturen und dessen
Implementierung in das CAD-System RUKON-3D

Bongers –
Ambrosius, W.   Entwicklung und Implementierung eines
Algorithmus zur automatischen Hidden-Line-
Ermittlung von Freiformoberflächen

12. Beispiele

Wie in Kapitel 5 erwähnt, soll zur Verdeutlichung im folgenden jeweils ein konkretes Beispiel für eine Bezier-Kurve, einen approximierenden B-Spline und einen interpolierenden B-Spline gerechnet werden.

In allen drei Fällen werden folgende 5 Stützpunktkoordinaten vorgegeben:

$x_1 =$ 0, $y_1 =$ 0, $z_1 = 0$ (=p_0 für Bezier bzw. p_1 für
B-Spline)

$x_2 =$ 30, $y_2 =$ 25, $z_2 = 0$ (=p_1 für Bezier bzw. p_2 für
B-Spline)

$x_3 =$ 60, $y_3 =$ 30, $z_3 = 0$ (=p_2 für Bezier bzw. p_3 für
B-Spline)

$x_4 =$ 90, $y_4 = -10$, $z_4 = 0$ (=p_3 für Bezier bzw. p_4 für
B-Spline)

$x_5 = 150$, $y_5 =$ 0, $z_5 = 0$ (=p_4 für Bezier bzw. p_5 für
B-Spline)

Berechnung einer Bezier-Kurve

Die Definitionsgleichung für Bezier-Kurven lautet:

$$BZ(u) = \sum_{i=0}^{n} B_{i,n}(u) \cdot p_i \qquad u \in [0,1]$$

$$\text{mit:} \qquad p_i = \text{i-ter Stützpunkt}$$
$$n+1 = \text{Anzahl der Stützpunkte}$$

$$B_{i,n}(u) := \binom{n}{i} u^i \cdot (1-u)^{n-i}$$

Hieraus ergeben sich bei 5 Stützpunkten folgende $B_{i,n}(u)$ (= Gewichtsfunktionen):

$$B_{0,4}(u) = (1-u)^4$$
$$B_{1,4}(u) = 4u \cdot (1-u)^3$$
$$B_{2,4}(u) = 6u^2 \cdot (1-u)^2$$
$$B_{3,4}(u) = 4u^3 \cdot (1-u)$$
$$B_{4,4}(u) = u^4$$

Um den Wert der Bezier-Kurve an einer beliebigen Stelle zu
erhalten, genügt es nun, einen Wert für u zwischen 0 und 1 in
diese Gleichungen einzusetzen, mit den jeweiligen Stützpunktkoordinaten zu multiplizieren und die einzelnen Ergebnisse zu
summieren. Beispielsweise erhält man mit u = 0,5 für die
gegebenen Stützpunkte folgende x-Koordinate der Bezier-Kurve:

$$x = B_{0,4}(0,5) \cdot p_{0x} + B_{1,4}(0,5) \cdot p_{1x} + B_{2,4}(0,5) \cdot p_{2x} +$$
$$B_{3,4}(0,5) \cdot p_{3x} + B_{4,4}(0,5) \cdot p_{4x}$$
$$= 0,0625 \cdot 0 + 0,25 \cdot 30 + 0,375 \cdot 60 + 0,25 \cdot 90 + 0,0625 \cdot 150$$
$$= 61,875$$

Entsprechend ergeben sich y- und z-Koordinate zu

$$y = 0,0625 \cdot 0 + 0,25 \cdot 25 + 0,375 \cdot 30 + 0,25 \cdot {-10} + 0,0625 \cdot 0$$
$$= 15$$
$$z = 0$$

Man erkennt, daß in die Berechnung eines beliebigen Punktes der
Bezier-Kurve die Koordinaten aller Stützpunkte eingehen (= globa-
ler Charakter der Bezier-Kurve).
Die gesamte Kurve läßt sich darstellen, indem man eine bestimmte
Anzahl von Punkten berechnet und diese durch Geraden miteinander
verbindet. Je größer die Zahl der berechneten Punkte ist, desto
genauer ist natürlich die Darstellung. Für die in Bild 12.1 dargestellte Kurve wurden auf die beschriebene Weise 30 Punkte
berechnet.

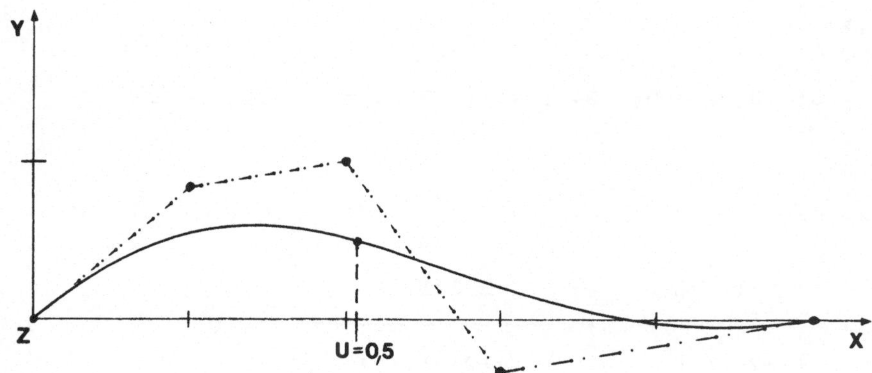

Bild 12.1   Bezier-Kurve

<u>Berechnung eines approximierenden B-Splines</u>

Ein approximierender B-Spline wird beschrieben durch die
Beziehung

$$BS(u) = \sum_{i=1}^{n} B_{i,k}(u) \cdot p_i \qquad u \in [0,n+k-2]$$

mit: p_i = i-ter Stutzpunkt; n = Anzahl der Stutzpunkte

$$B_{i,1}(u) := 1 \text{ wenn } u_i \le u < u_{i+1} \qquad 0 \text{ sonst}$$

$$B_{i,k}(u) := \frac{(u-u_i) \cdot B_{i,k-1}(u)}{u_{i+k-1} - u_i} + \frac{(u_{i+k}-u) \cdot B_{i+1,k-1}(u)}{u_{i+k} - u_{i+1}}$$

Die u_i sind hierbei immer ganzahlige Parameterwerte. So ist für
i=2 z.B. der Wert fur u_i = 2, für u_{i+1} = 3 usw.
Die Ordnung des B-Splines sei k=3. Zur Berechnung der Koordinaten
beliebiger Punkte auf dem Spline müssen wieder die Werte der Gewichtsfunktionen $B_{i,k}$ an der jeweiligen Parameterstelle ermittelt
werden. Dies geschieht in einem rekursiven Verfahren. Man beginnt
mit der Berechnung der $B_{i,1}(u)$ und ermittelt schrittweise alle
$B_{i,j}$, bis j=k erreicht ist.
Fur den Parameterwert u=3,5 erhält man unter Berücksichtigung der
o.g. Definitionen folgende $B_{i,j}$:

<u>j = 1:</u>

$$B_{1,1} = 0; \quad B_{2,1} = 0; \quad B_{3,1} = 1; \quad B_{4,1} = 0; \quad B_{5,1} = 0$$

<u>j = 2:</u>

$$B_{1,2} = \frac{(3,5-1)\cdot B_{1,1}}{(1+2-1)-1} + \frac{(1+2-3,5)\cdot B_{2,1}}{(1+2)-(1+1)} = 0$$

$$B_{2,2} = \frac{(3,5-2)\cdot B_{2,1}}{(2+2-1)-2} + \frac{(2+2-3,5)\cdot B_{3,1}}{(2+2)-(2+1)} = 0,5$$

$$B_{3,2} = \frac{(3,5-3)\cdot B_{3,1}}{(3+2-1)-3} + \frac{(3+2-3,5)\cdot B_{4,1}}{(3+2)-(3+1)} = 0,5$$

Auf die gleiche Weise ergibt sich:

$$B_{4,2} = 0; \quad B_{5,2} = 0$$

<u>j = 3 (also j = k):</u>

Für j=3 ergeben sich auf die gleiche Weise:

$$B_{1,3} = 0,125; \quad B_{2,3} = 0,75; \quad B_{3,3} = 0,125; \quad B_{4,3} = 0; \quad B_{5,3} = 0$$

Die Koordinaten des dem Parameterwert u=3,5 entsprechenden Splinepunktes erhält man nun, indem man die $B_{1,3}$ (bei k=4 wären es die $B_{1,4}$) mit den jeweiligen p_1 multipliziert und diese Werte aufsummiert. Man erkennt, daß bei einem Spline der Ordnung 3 die Stützpunkte p_4 und p_5 keinen Einfluß auf den Punkt mit dem

Parameterwert u=3,5 besitzen, da $B_{4,3}$ und $B_{5,3}$ gleich Null sind
(lokaler Charakter der B-Splines).

Für u = 3,5 ergeben sich die Punktkoordinaten des B-Splines zu:

$x = B_{1,3} \cdot 0 + B_{2,3} \cdot 30 + B_{3,3} \cdot 60 = 30$

$y = B_{1,3} \cdot 0 + B_{2,3} \cdot 25 + B_{3,3} \cdot 30 = 22,5$

$z = 0$

Die Darstellung der Kurve erfolgt auf die gleiche Weise wie bei
einer Bezier-Kurve (Bild 12.2)

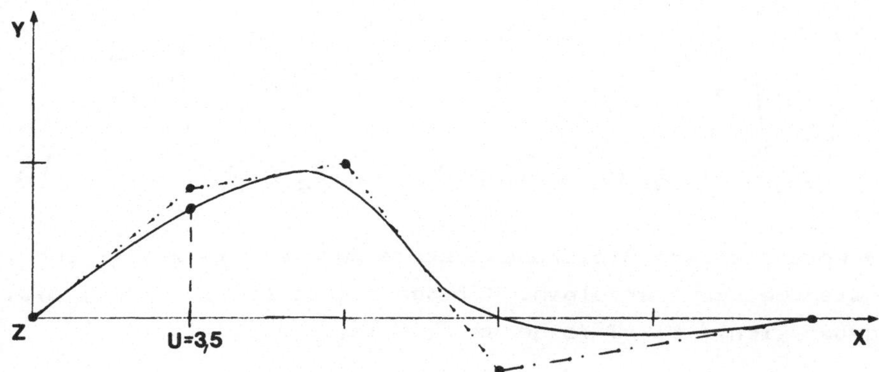

Bild 12.2   Approximierender B-Spline

<u>Berechnung eines interpolierenden B-Splines</u>

Interpolierende B-Splines werden durch folgende Beziehung
beschrieben:

$$BSI(u) := \sum_{i=1}^{n} B_{i,k}(u) \cdot a_i \qquad u \in [0, n+k-2]$$

mit: a_i = Lösungsvektor eines Gleichungssystems

Ansonsten gelten die gleichen Definitionen
wie bei approximierenden B-Splines

Die Gewichtsfunktionen $B_{i,k}$ werden auf die gleiche Weise wie bei
approximierenden B-Splines berechnet. Im Unterschied zu diesen
werden die $B_{i,k}$ jedoch nicht mit den Koordinaten der Stützpunkte
multipliziert. Mit den $B_{i,k}$ und den Koordinaten der p_i wird
vielmehr ein Gleichungssystem aufgestellt. Die $B_{i,k}$ werden dann
mit den Lösungsvektoren dieses Gleichungssystems multipliziert
und, wie bei approximierenden B-Splines, aufsummiert.
Dieses Gleichungssystem besitzt folgendes Aussehen:

$$
\begin{pmatrix} p_1 \\ p_2 \\ \cdot \\ \cdot \\ \cdot \\ p_n \end{pmatrix}^T \cdot
\begin{pmatrix} B_1(u_1),\ B_1(u_2),\ \dots,\ B_1(u_n) \\ B_2(u_1),\ B_2(u_2),\ \dots,\ B_2(u_n) \\ \\ \\ \\ B_n(u_1),\ B_n(u_2),\ \dots,\ B_n(u_n) \end{pmatrix}^{-1} =
\begin{pmatrix} a_1 \\ a_2 \\ \cdot \\ \cdot \\ \cdot \\ a_n \end{pmatrix}
$$

Die Lösung dieses Gleichungssystems muß für die x-, y- und z-Koo-
dinaten getrennt erfolgen. Mit den gegebenen $p_i = (p_{ix},\ p_{iy},\ p_{iz})$
ergeben sich für k=3 folgende $a_i = (a_{ix},\ a_{iy},\ a_{iz})$:

$$
\begin{aligned}
a_{1x} &= 0; & a_{1y} &= 30; & a_{1z} &= 0 \\
a_{2x} &= 30; & a_{2y} &= 35; & a_{2z} &= 0 \\
a_{3x} &= 75; & a_{3y} &= 27{,}5; & a_{3z} &= 0 \\
a_{4x} &= 105; & a_{4y} &= -47{,}5; & a_{4z} &= 0 \\
a_{5x} &= 150; & a_{5y} &= 0; & a_{5z} &= 0
\end{aligned}
$$

Die Berechnung eines Punktes der Kurve erfolgt, indem die Gewichtsfunktionen $B_{i,k}$ für einen bestimmten Parameterwert u
ermittelt, mit den entsprechenden a_i multipliziert und
schließlich aufsummiert werden.
Die Darstellung eines interpolierenden B-Splines erhält man auf
die gleiche Weise wie bei Bezier-Kurven und approximierenden
B-Splines (Bild 12.3).

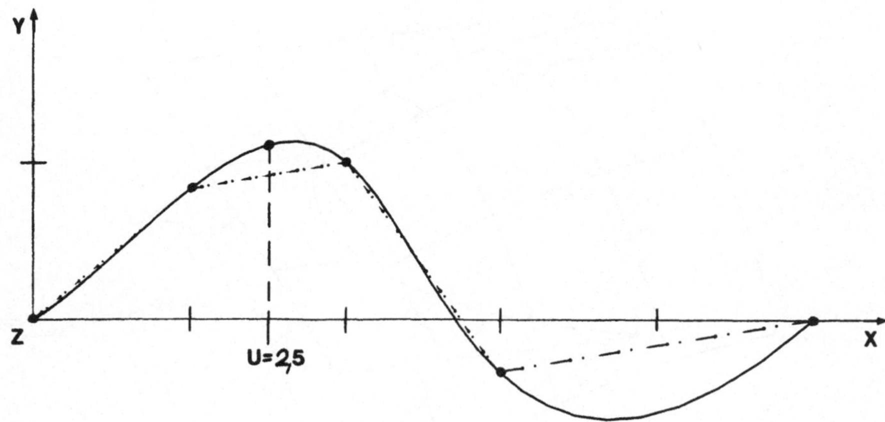

Bild 12.3   Interpolierender B-Spline

Auf den folgenden Seiten sind Beispiele für das in Kapitel 7 er-
läuterte Verfahren zur Ermittlung der Schnittkurven einer Freiformfläche mit beliebigen anderen Flächen aufgeführt. Die
Schnittkurven sind hierbei mittels interpolierender B-Splines
dargestellt.

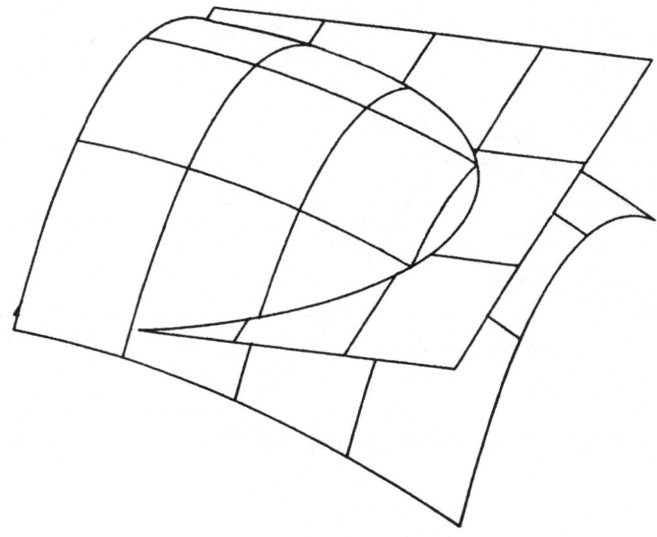

Bild 12.4   Schnittkurve Ebene – Freiformfläche

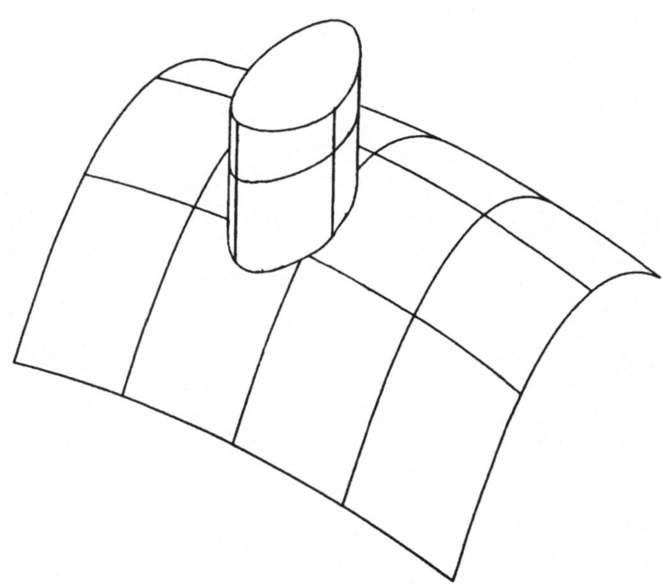

Bild 12.5   Schnittkurve Freiformfläche – Freiformfläche

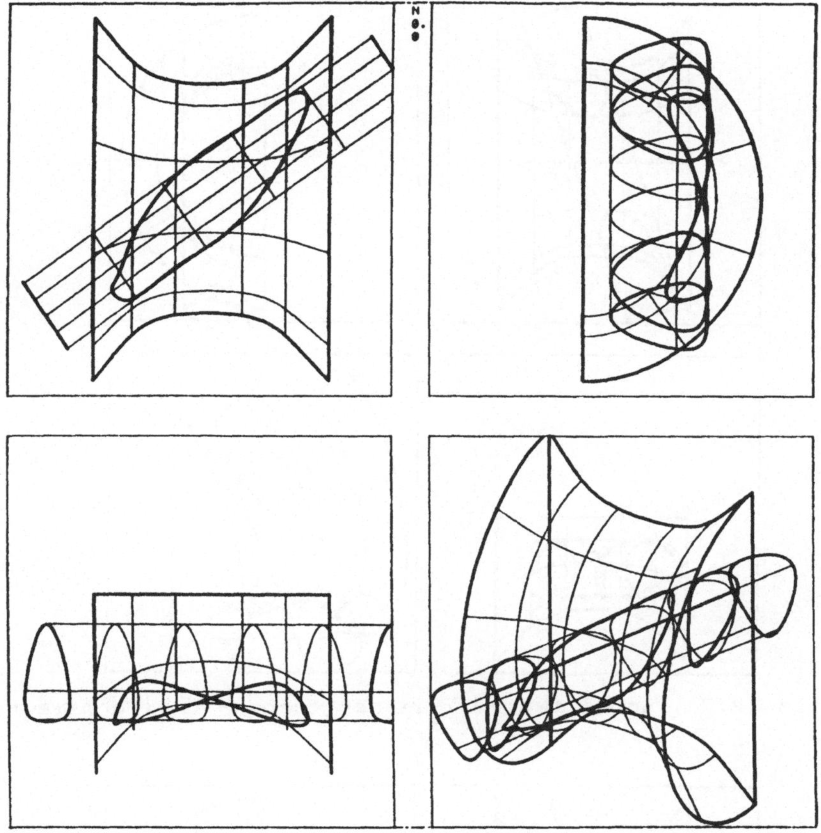

Bild 12.6   Schnittkurve Freiformfläche – Freiformfläche

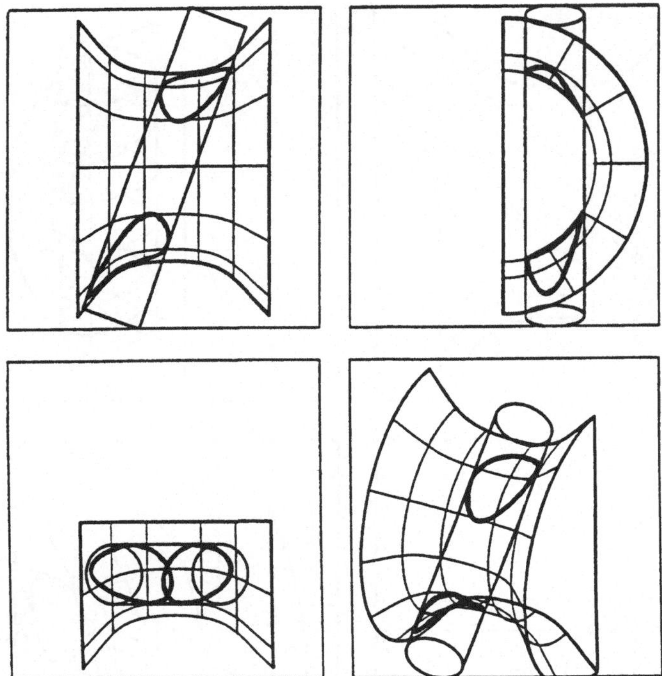

Bild 12.7   Schnittkurve Zylinderfläche – Freiformfläche

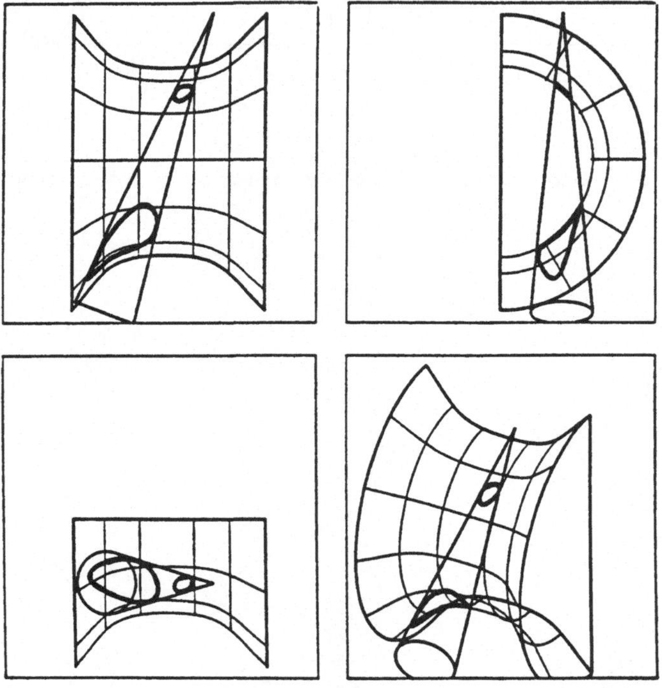

Bild 12.8   Schnittkurve Kegelfläche – Freiformfläche

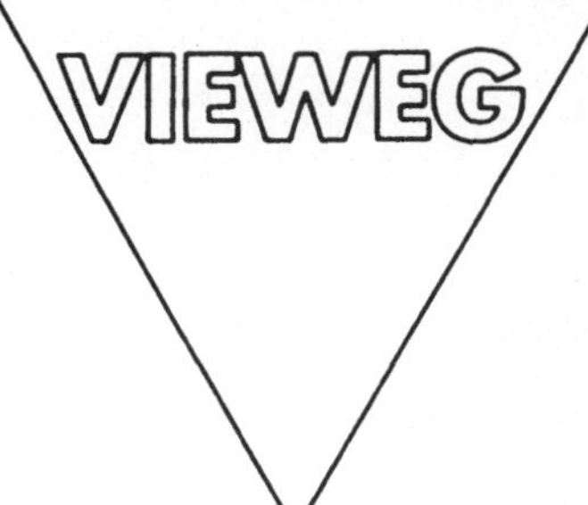

Erwin Lacher

CAD-Systeme

Grundlagen und Anwendungen der geometrischen Datenverarbeitung. 1984. IV, 212 Seiten mit 59 Übungsaufgaben. 16,2 x 22,9 cm. Kartoniert.

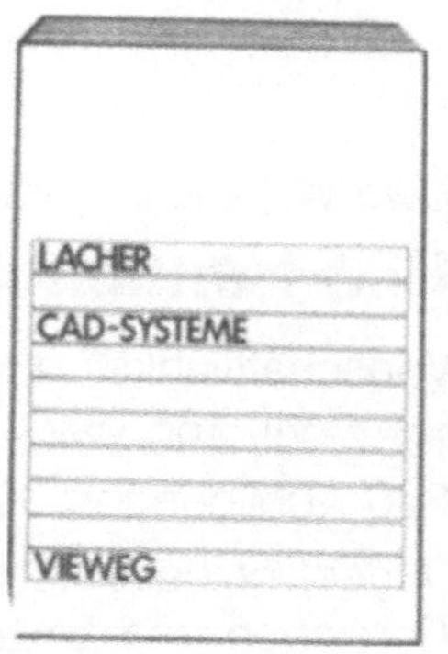

Das Buch betrachtet unter den Gesichtspunkten der Eingabe, Speicherung, Verarbeitung und Ausgabe von geometrischen Informationen die wichtigsten Anwendungsgebiete der geometrischen Datenverarbeitung, nämlich NC-Technik, Finite-Elemente-Methode und Robotereinsatz. Der Anschluß der angrenzenden Gebiete der Fertigungsplanung und -steuerung und die Integration zu Produktionssteuerungssystemen wird aufgezeigt. Im Vordergrund stehen stets die gemeinsamen Grundlagen der marktüblichen Systeme. Im Text wird der Leser in die Prinzipien und Problematik der einzelnen Bereiche eingeführt. Zur konkreten Vertiefung in Details und zum Erwerb entsprechender Fertigkeiten sind die angegebenen Übungen mit Lösungsvorschlägen gedacht. Die Weiterführung in fortgeschrittene Problemkreise wird durch ein gezielt kommentiertes Literaturverzeichnis wirkungsvoll unterstützt. Ein Algorithmen- und Programmverzeichnis bietet einen direkten und schnellen Weg zur Lösung konkreter Probleme der Praxis.

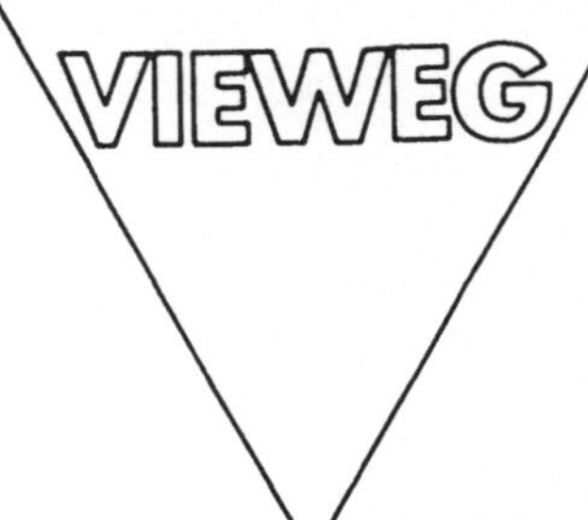

Uwe W. Geitner (Hrsg.)

CIM-Handbuch

Wirtschaftlichkeit durch Integration.

1987. XII, 499 Seiten mit 31 Beiträgen und 320 Abbildungen. 17 x 24 cm. Gebunden.

„Eigentlich bedeutet CIM, daß das Denken in Bereichen und Einzeloptimierungen durch das Denken im Gesamtsystem ersetzt werden muß, daß für den Produktionsbetrieb völlig neue Wege beschritten werden müssen.

Vor diesem Hintergrund betrachtet das CIM-Handbuch nüchtern die integrativen Methoden zur Fertigungsautomatisierung mittels EDV. Die Gliederung folgt dabei bewußt dem Auftragsfluß. Der Leser wird vom Auftragseingang bis zum Versand durch eine CIM-Organisation begleitet. Diese Konzeption erübrigt eine nüchterne alphabetische Gliederung und erlaubt es, den integrativen Material-und Informationsfluß, auf den es wesentlich ankommt, gedanklich nachzuvollziehen. Das Handbuch enthält die Gebiete Produktionsplanung und -steuerung (PPS), Konstruktion und Entwicklung (CAD/CAE), Fertigungsvorbereitung (CAP), Fertigung (CAM) und Qualitätssicherung (CAQ). Darüber hinaus werden Integrationsmittel sowie der Einfluß von CIM auf die Arbeitswelt behandelt."

Industrieelektrik und -elektronik 12/87